1‧2‧3人の小住宅滿足學

小家改造SOP

6～26坪貪心小房子，一冊 All In One！

原點編輯部 著

CONTENT

3　偷學！小宅速配家具選用

1

小宅裝修計畫，屋主該知道！

這樣想、那樣做！家再小也能住得好

小家預算，掐指一算！

小住宅裝修SOP！抓住關鍵做決策

這樣想、那樣做！
家再小也能住得好

**小宅裝修計畫，
屋主該知道！**

文字 溫智儀　**資料圖片提供** FUGE 馥閣設計

小住宅的時代已經來臨！由於房價以及公設比的高漲，小住宅的低總價吸引力十足，然而，即使能買下權狀30～40坪房子，實際住的坪數也只有20出頭。但是別小看小住宅，並不一定非得「將就」才能過生活，只要透過精心規畫，一個人可以很快樂、兩人世界很愜意、一家三口樂活也沒問題。重點是要將坪效和需求的結合發揮到最大，考量過動線、通風、光線、配置的家具尺寸，便能擁有一切都剛剛好、很滿足的空間。

破解五大迷思

迷思1：小空間不必裝修，買家具就好？

現成家具是制式的規格品，如果全都依著家具尺寸，已經有限的生活空間一定會產生許多畸零處而被浪費。小住宅不比一般30坪以上的中型住宅，空間越小意味尺寸是以1～2cm去精算，舉櫃體來說，現成系統櫃兩個桶身之間一定會有1.8cm的厚度，通常一排收納櫃的桶身，差不多就佔去10cm的板材厚度，如果用現場木工，就可以依照空間型態做到最低佔位的浪費，而且也可以做到雙面使用，利用性更高。

迷思2：單層不夠用，選挑高空間才划算？

上下層最直接關係到的是能不能直立行動自如，如果拿個衣服要彎著腰、走進上層臥室也要彎著腰，肯定住得不舒服。上下層的高度切割非常重要，不只能夠直立，還必須各留有180cm左右不會造成壓迫的高度，因此4米2以上的挑高空間比較適合。3米6的空間則不見得一定要用複層，複層是不得已和補足平面規畫的權宜之計，只要平面做得好用，就好好享受挑高的舒適，如果還是想要利用挑高空間，可以劃分出1.5～2坪做為一上樓就直接採坐臥姿的睡眠區，或是當做儲藏室、窩著的閱讀角落，建議不要留出需要站立的餘地。

迷思3：用小尺寸家具，才能省空間？

基本上，家具尺寸都是對應人體工學和設備大小，有些不可能縮小尺寸，例如廚具深度60cm，是為了容納大部分電器設備的大小；衣櫃深度60cm，是對應吊掛衣服肩膀寬度。其他的家具則可以在不影響正常使用情況下選擇較小尺寸。其實，主家具甚至要用大過正常尺寸，

大家具設置得洽當，會讓小空間變大。

成為該空間的主要機能與焦點，反而可以讓整體空間感變大，例如客廳沙發一般210～240cm，但建議選擇280～300cm的大沙發，餐桌則可以加長到180cm，再利用垂直的線條拉高視覺比例，例如把門框做高，如此一來客廳感覺瞬間寬敞，一回到家完全不會感覺到小家子氣。

迷思4：多用機關彈性家具，機能一次滿足？

很多人都覺得用小家具可以移動，比較彈性，但其實用太多小家具會讓空間很零碎，加上越多單品只會增加空間中顏色和材質的複雜度，除了如上述主家具要選大尺寸，若需要增加一些輔助機能，只要搭配一兩個小家具適度點綴即可，在搭配選用上，最好和設計師商量，確保視覺調和。雖然移動性家具很靈活，但一定要規畫一個固定地方歸位，否則會礙手礙腳。至於折疊或延伸等等的機關家具，如果時常會用，一定要選擇直覺式操作的便利機關，一個動作就可以完成，因為在日常生活中，即時性的運用是十分重要的。至於需要較多分解動作的，則以次數不多、偶爾需要的情況為主，否則到最後也會因為麻煩而閒置不用，反而浪費空間。

迷思5：既然找設計師，所有需求都可以滿足？

「當屋主者迷」是許多人在面對裝修時的症狀，屋主想要的，設計師雖然都會想辦法配置進去，但家是要可以待得久的地方，試想若是不考慮客觀空間條件，一味的將想要的都塞進去，生活將會相當擁擠。不妨透過設計師的協助，在真實需求和氛圍想像、機能合併等各角度，找出優先進駐家空間的順序。

比較具體的方式，可以透過設計師提供的兩三個平面圖提案，去感受不同需求組合所呈現的未來空間，屋主藉此可以更務實的做出取捨。

例如：想要同時擁有更衣室與泡澡蒸氣室，但真實情況是：扣掉衛浴、臥室這類必要的空間後剩一坪多，究竟是要拿來做有些勉強的更衣室，還是大小剛好的蒸氣室，只能擇一保留。透過兩個不同的平面配置可以具體呈現，若最後選擇了提升生活品質的蒸氣室，則可在有限的空間中，折衷採以彈性收納櫃取代更衣室。

1、2、3人住，至少要這些坪數才住得舒服

一人住的空間沒有什麼隔間的需求，兩人到三人住，要不要隔間、如何隔間就是影響整體舒適度的關鍵重點。不同居住人數和成員關係，也有不同的適當坪數和房間數，買屋或裝修前，屋主可以先認清現實狀況，對自己家的格局有心理準備。

1人住：

長期居住的空間，一定要有足夠的坪數才不會有壓迫感，基本上10～12坪是滿足基本生活品質的最低限度，若是低於10坪，較適合長時間不在家或是常出差偶爾回家的人。一人住的空間開放性是很自由的，除了衛浴空間，幾乎可以不必有獨立隔間，連臥室都可以是沒有實體隔間或是用彈性隔間方式去取代。

2人住：

如果是伴侶關係，可以考慮要一房還是兩房，目前也越來越多選擇兩房的趨勢，大致上坪數會落在15～16坪。新婚伴侶通常會多留出一間做為書房或預備為未來小孩房；退休夫妻則會用來當書房，更有越來越多人會選擇分房睡維持個人的睡眠品質。兩房不只隔間問題，更要思考如何在有限的坪數中製造若即若離的距離感，例如利用高低差或視覺遮蔽製造隱私角落，或是利用聚焦光線的陰暗對比手法，在同一個空間中創造出光亮和幽暗的兩個分明區域，讓不同時間睡覺的伴侶能互相陪伴又不干擾。

3人住：

三人的組合通常是父母和一個小孩的小家庭，因此至少要隔出兩房或三房。建議將坪數讓給公共空間，房間滿足基本睡眠需求即可，可小則小，家人自然會到公共空間相處，維持良好交流。15、16坪隔出獨立兩房不是問題，三房則至少要21、22坪甚至25坪才不勉強。一個房間最好有3坪以上，最少要有2坪，而且必須要有充足的採光和通風才不至於覺得太狹隘。

就愛待在家！小坪數舒適規畫術

很多人選擇小空間，是因為有不想長時間待在家的打算。但是小家規畫得好，非常適合長期居住，成為溫馨又幸福剛好的居家。裝修的時候掌握以下幾個要點，小空間真的可以住得很自在！

很寬敞！不要製造走道

走道相當於切割完整空間，一被切割就會感覺不寬敞，因此在規畫時，盡量讓櫃體靠邊站，留出完整的區域。如果不得已產生走道，也可將收納或展示的複合機能置入過道左右，或是直接讓過道納入另一個空間，成為該空間的一部分。

廚房拉門和房門都面向同一中心，讓走道同時也是機能空間。

隱藏門片讓獨立空間可以藏身在客廳後方。

不零碎！開門方向朝著同一個中心

開門方向影響到動線，讓動線最集中的方式就是將開門方向都集中在同一個主空間，例如以客餐廳為中心，分別通往主次臥室、廚房和衛浴，如此一來便可將客餐廳空出的坪效發揮到最大。

很夠用！不留單一空間給非五年內的機能

由於小空間每一吋都很珍貴，不必留出空間給近幾年內不會用到的機能。例如新婚伴侶至少五年內沒有生小孩的打算，不必在裝修時堅持空出一間小孩房而犧牲其他更迫切需要的生活品質，像長輩房使用的機會也是少之又少，可以利用彈性的機關設備滿足機能。

很滿足！為屬於自己的空間注入最愛的嗜好

如果家裡有一區是可以滿足自己的喜好，待在家就會很開心。喜歡運動，就可以規畫一區放健身器材，喜歡小酌，規畫一個酒櫃，呈現自己的特色，就會讓小家很有個性，自己也待得開心！

2

小宅裝修計畫，
屋主該知道！

小家預算，
掐指一算！

文字 溫智儀　**資料圖片提供** 十一日晴空間設計 The November Design

家本來就是讓人感覺舒服放鬆的場域，然後加上一點自己的樣子。這樣簡單跟看似只是把家具擺進去、不著設計痕跡的畫面，其實反而是經過層層「精準的設計」！在實現夢想居家的過程是夢想的渴望，但卻無可避免需要再實際不過的預算來做支撐。設計師在圖面上畫出的每一線條都需要工程上的預算來做實踐。由於小住宅是更精算和濃縮的設計，因此並不是依照一般坪數住宅做等比例縮小推算，那麼預算該如何抓呢？

中古屋：每坪8～10萬起，新屋：每坪6萬起

許多即將面臨裝修的屋主，對於自己的空間究竟該準備多少預算裝修，總是十分困惑，除開找工班自行監工之外，若是尋求設計師的協助與規畫，不妨以20坪為一個分水嶺，20坪以上的中古屋每坪基礎裝修大約落在8萬元起跳，新成屋則是以每坪6萬元開始。設計上的豐富度與精緻度越高，單坪造價就需要更往上加乘（基礎裝修費不包含設計費，皆不含家具、窗簾等軟件）。

至於小住宅或是低於20坪以下的，看似空間不大，一般人先入為主的想法都是認為裝修費應該很便宜，其實不然，由於坪數的侷限，所有需要進行規畫的機能性得更強、一物多功、整併式設計，設計密度相對於一般中大坪數還高，因此，造價跟20、30坪一般房型比較起來，單坪造價要比建議值多抓個1～2萬，也就是20坪以下，基礎裝修費建議新屋每坪抓7～10萬，舊屋10萬以上。

至於設計費也會有最低門檻，以15坪是最低計價坪數來說，10坪的設計費不是10坪×單坪設計費，而是以15坪×單坪設計費。有些設計公司的設計費則是從20坪起跳，依不同公司有異。

舊屋翻新裝修、新成屋裝修預算用在哪？

抓預算時，老屋新裝工程相對繁複，但仍可依屋齡新舊、屋況老舊程度去衡量；老屋拆除打開後會有更多預期不到的困難，漏水、壁癌等等，若牽涉到鄰戶間的問題就更難處理，所以屋主們需要更多的預備，如果屋況很不好，格局需大幅度變動，預算就必須抓到一坪10萬以上。

新成屋相對單純，但因國內建案格局大多制式，或並無把家具配置在隔間之初就做好考量，導致開門位置、動線很多狀況下都很難擺置家具，一般來說，原始屋況要不變動格局就可以很舒服的不多，所以也會就最基礎的動線、採光通風等做檢討，若有需要，則還是得透過格局調整，達到空間最大利用化的可能。當然最佳狀況是房子本身條件就很好，就較無需大幅變動。但新屋仍有很多一般業主沒預期的成本：

水電調整：

經過設計的房子，網路、電話、插座都會依照平面規畫與屋主使用習慣，移動到最適切的位置，燈光配置也會隨配置調整，開關燈的位置也會調整到順手的位置，那是一種隨手可得的幸福，再也不用大老遠拉延長線。

空調安裝：

空調是一項專業的工程，配合設計師的裝修空調廠商，與對一般消費者基本安裝的空調業者有著專業度上的差距，噸數的配置要怎樣才足夠、節能之外也吹得舒適；安裝上，配合裝修天花設計的完成面，可以如何走管埋線，在工地現場遇到許多溝通難易度不同的廠商的設計師最能體會其中的專業差異程度。

油漆：

消費者普遍低估了油漆的預算，其實建商完工的新成屋壁面，有時平整度還需加強，通常還是會整體再上噴漆處理，建商所附油漆的白有時不一定符合未來的空間調性（一般使用的百合白看起來較黃），最好整體調整成中性的純白色，看起來比較純淨。若建商的壁面漆面平整度還ok，就做局部跟打鑿處批土即可（可減少一些預算）；局部跳色也是常用的設計手法，顏色搭配協調是視覺效果很好的做法，但也相對的增加了油漆師傅們的施工費用。

為什麼小坪數更要找設計師？

小住宅更需要考量動線、通風、光線進來的位置，再加上居住者的生活習慣，最後是配置進去的家具尺寸、比例、型式，才能造就這種家具擺進來都「剛好」的空間，而這份「剛好」當然不是偶然。

設計師多年的美學素養、空間的使用坪效、工程上的專業經驗值等等，設計費等於是換取未來生活在裡頭的美好和舒適，設計師就是幫你爭取到更大坪效，把因為空間小的品質犧牲度降到最低。

設計師對於工班的專業度與篩選、工程的細膩度取決於工班的專業度，好的工班不需三申五令就會主動發現問題也從不推托去解決，然而好的工班，當然也不會是便宜行事的工班。而設計師會選擇低甲醛、綠建材這些中上品質的材料，確保在小家的安全居住品質。

為何裝修以坪數計？

以下是以實際的室內設計坪數估算。天地壁所需的施作面積，以坪數大小做正比例的調升，水電、燈光數量、空調噸數乃至收納需求都相對提升，但一般來說，用坪數來概抓幾乎八九不離十；如果預算接近基本裝修預算，在設計上則是以精簡為主，越高則可在設計上有更多材料的選擇、精緻的做法與設計上的可能。

20坪新成屋工程估價單（此表格為工程報價單的總表，工程報價細部項目未列出。未含廚具／造型燈具／家具／家電／窗簾）

						工程估價單
項次	名稱及規格	數量	單位	單價	總價	備註
一	假設＆拆除工程	1	式		68,000	
二	廚具拆裝＆保護工程				18,000	建商原有廚具拆卸、保護＆安裝復原
三	空調工程				210,000	日立壁掛變頻冷暖－頂級系列：一對二（2組）設備與安裝費用
四	水電工程				113,000	
五	泥作工程				32,000	
六	磁磚材料				30,000	
七	木作工程				221,500	全室：F3低甲醛木心板／日本麗仕矽酸鈣板／防蟲角材／台製五金緩衝／KD實木板
八	油漆工程				168,000	全室面漆採用 ICI 得利乳膠漆
九	系統櫃工程				82,000	歐洲進口E1等級板材
十	木地板工程				129,000	歐洲進口Meister超耐磨木地板
十一	玻璃工程				19,500	
十二	燈具及安裝				24,500	造型燈具另選
十三	清潔及其他工程				22,000	
				總工程款	1,137,500	
				工程管理費 10%	113,750	
				工程總價	1,251,250	

3

小宅裝修計畫，
屋主該知道！

小住宅裝修SOP！
抓住關鍵做決策

文字 溫智儀　**資料圖片提供** 十一日晴空間設計 The November Design

在預算等等相關問題都已經解決之後，要開始進行討論裝修一事了。透過以下專屬屋主的流程表，不用把工作都擠在同一時間準備，屋主可以分階段去進行裝修的思考和選購，其間則和設計師保持一定的討論。

STEP1

搜集照片提供給設計師參考

找出照片很重要，等於屋主開始消化自己喜歡的東西（3～5張照片即可），設計師可以從其中找到線索，知道屋主所喜歡的方向。但前提是屋主要先去尋找自己欣賞的設計師，覺得他的設計裡面就已經出現自己喜歡的質感和設計方式。

STEP2

生活習慣LIST

- **生活需求單**：從生活面思考有無特殊喜好，例如書或CD的收藏量很大。
- **家族成員物件清單**：每個家庭成員各自需要的收納，例如常飛行有大行李箱。
- **大型物件清單**：物件清單要從大物件優先列出，小物品其實大同小異可以不必列，像是喜歡烹飪烘焙，或是單車運動愛好者一定要先把會用到的物件列出來。
- **未來物品清單**：現在沒有，但未來想買或者打算買的，也要一起告訴設計師。

STEP3

**出平面圖 ——
討論平面圖提案**

丈量後畫出等比例平面圖之後，因為平面圖已經將一個家的配置做了規畫，空間變得十分具體可見，再次提供屋主仔細思考的機會。看看缺了什麼？還有什麼機能需要再補足的？

STEP4

平面圖定案＋
設計合約簽定

STEP5

**出平面系統圖 ——
拿圖面到空間中比對**

平面系統圖包括天花板圖、燈具圖、空調圖、插座弱電圖，拿到圖面之後，要實際到空間中邊走邊想像。例如插座弱電圖，要想像自己平常會使用的電器在哪裡發生，習慣在浴室還是在梳妝台吹頭髮？設計師會依照生活習慣重新配置插座。

STEP10

驗收與試住

完工驗收時要確認估價單是否都做了、數量是否有變動？收尾則是最好住進去一個月後，體會一下是否還有一些小問題，然後一次列出，請設計師前來一次調整。

STEP9

工程中 ——
選家具、造型燈具、看大板

這階段要開始去選購家具和燈具，討論過程中設計師會提出適合的家具選單建議，工程開始的這段時間就可開始去逛，感受實際的坐感、面感和表面質感。木工後期挑五金把手，油漆完成後選窗簾。工程開始進行中，和材質有關的，最初是看小樣，這階段就可以要求到現場看以下大板，去感覺大面積實際的效果：

- 磁磚
- 木作貼皮
- 系統櫃板材花紋
- 牆面油漆在空間光線中的顏色
- 木地板

STEP8

工程報價＆工程約簽訂

STEP7

開工前 —— 決定廚具、衛浴設備

開工前一切要定案。平面圖完成後到開工前，屋主要決定廚具、衛浴設備。廚具在開工前就要定下來，選水槽、龍頭、面板、檯面……因為價格差異大，設計師和屋主要彼此交流想法，這一階段要好考思考機能，像是上櫃層板之類的需求。衛浴部分則是設備品牌確認，是否有自己的品牌喜好或是需求。

STEP6

出立面、3D圖 —— 決定建材

立面設計圖出來之後，從立面圖可以開始看到材料的配置，這時候3D再出來，檢視材料是否ok。而此階段，其實是和**STEP1**串連起來的，這時就可以去確認當初想要的風格，是否和設計師此時的搭配吻合。

設計圖面這樣看

在裝修的過程中，屋主會取得設計師提供的各式圖面，除了一般人最常見的平面圖，也包含實境感十足的3D圖、各空間量體比例的立面圖，或是可以知道收納配置方式的櫃內立面，以及燈具、弱電／插座配置平面圖……等。

透過這些圖面，即使尚未完成改造，家的模樣幾乎可以事先預想出來。而這些圖面，所透露的訊息，和未來的生活習慣、模式息息相關，因此在裝修過程中不妨「試住」一下這些圖裡的空間，在各角落遊走一遭，若有疑問或是特殊需求，才能清楚的和設計師溝通，避免日後的不便。

Plan1. 平面圖

平面圖可以判斷屋主的機能需求是否都被滿足。有趣的是，屋主通常在心中都會有幾個「可能會是這樣設計」的腹案，這種先入為主的狀況，有時當設計師提出他們想都沒想過的圖面時會很錯愕。建議屋主可以拿設計師的平面圖回到空間裡去走一遍，就能感受自己的預設和設計師的專業有何不一樣，是否更適合未來生活。

設計坪數計算

總坪數：24 坪
室內設計坪數：20坪(未含2間衛浴/前後陽台)
前陽台坪數：2 坪
工作陽台坪數：1坪
未施工空間：2間衛浴/前後陽台

Plan2. 3D 模擬圖

如果從圖面上比較模擬不出空間感，會輔助這樣的3D來說明空間，很多時候屋主
比較喜歡看3D圖來進行討論，因為是立體的空間，更可以想像之後的家的模樣。

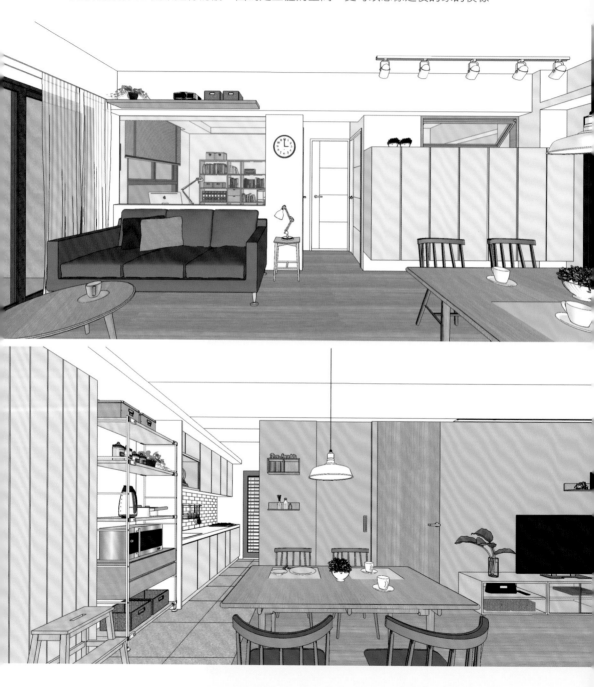

Plan3.平面系統圖：天花板圖／燈具圖／空調圖

這三張圖要一起思考，才可以把燈光的合理配置、空調走線與出風位置跟天花板的
設計結合起來。

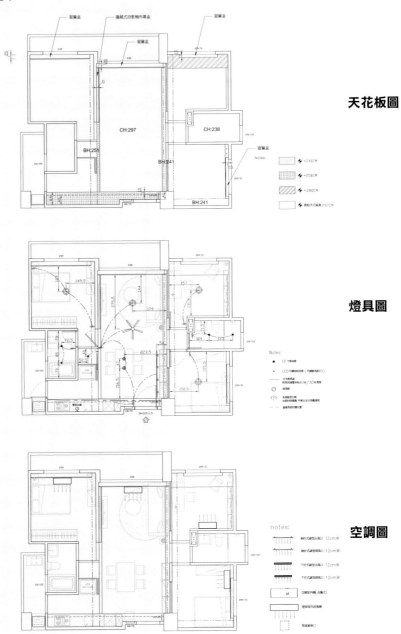

天花板圖

燈具圖

空調圖

Plan4. 弱電插座配置圖

因應生活習慣，在習慣用電腦處就會設置網路線口，在哪裡打電話就會設置電話線口，擺立燈的牆角就有插座，放置吸塵器和電風扇處一定要有插座，因為這些細節的討論，讓線路可以完善配備，隨手可得。而平面圖有清楚的尺寸，可以將弱電圖插座配置圖這類的功能性圖片墊在平面圖下方去對照，看看所設定的位置是否符合生活習慣和設備需求。

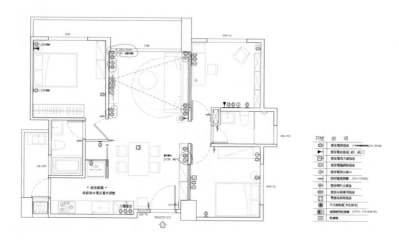

Plan5. 立面圖

除了可以看到空間量體的比例，這也是決定整個空間氛圍的最重要的圖面。想和設計師確認材質搭配、色彩都在這邊可以具體討論。

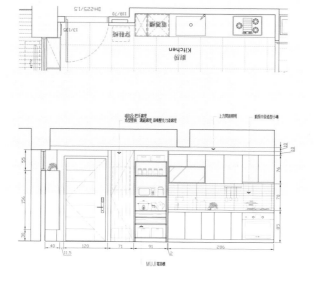

Plan6. 櫃體立面圖

櫃內的分割屬於細節的收納功能分配，有多少長大衣、習慣吊掛還是摺疊式的衣物收納等等，都可以一一釐清，依照習慣規畫順手的櫃體內部。

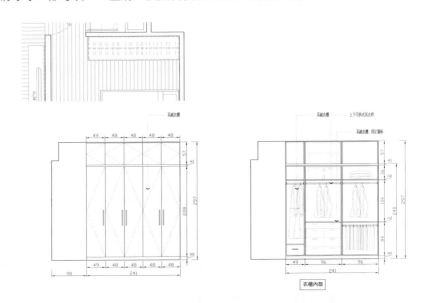

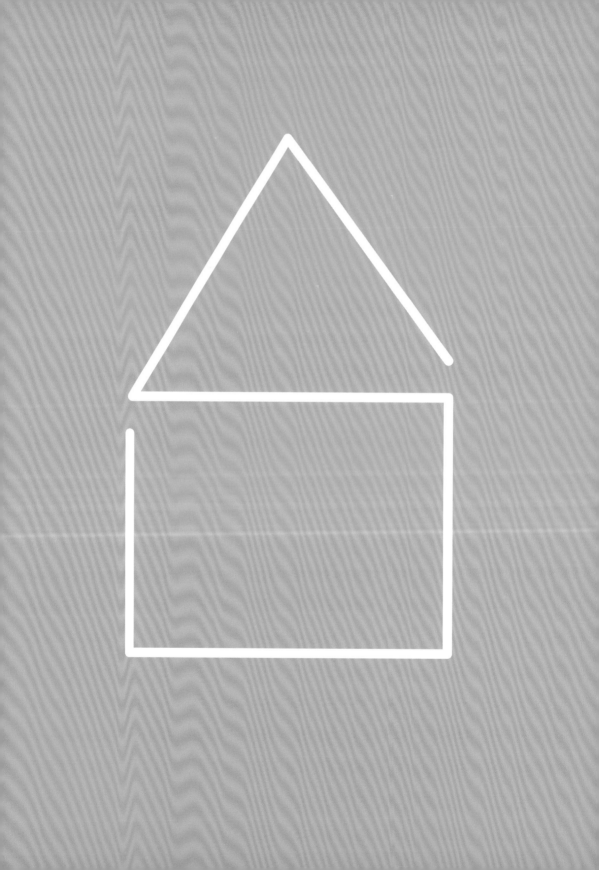

2
住好的！小住宅大滿足

無印塩系小住宅
黑、白、灰小住宅
北歐＋LOFT隨興小住宅

活用貨架概念，香港的工作室住屋

彈性空間＋貨架隔間＋窗台緣側
創意十足的 Life Studio

誰説10坪不滿足？一座木貨架打造出兩面空間，生活與工作穿插行進，絲毫不違和。

🏠
住宅類型 住宅大樓
居住成員 夫妻
室內坪數 10坪（包括門檻和軸承牆）
室內高度 2.67米
格　　局 玄關、客廳、餐廳、廚房、主臥、浴廁
建　　材 白橡木、橡木層壓板、油漆、瓷磚、白色大理石、人造石

文字 李佳芳
圖片提供 JAAK

香港社會雖是華人所組成，但隨著地狹人稠、房地產價格飛漲，而停滯不前的工資加上高壓工作環境，造成了廣大的「DINK」族群（Dual Income, No Kids. 意即雙收入，沒有孩子），傳統家庭結構也隨之變異。「在這樣緊迫的生活空間內，人們渴望擁有私人空間，但保護隱私與孤立自己是不同的。」JAAK設計公司創辦人Calvin與Chau認為，空間分區應該視實際需求，找出激發創意靈感的生活方式。

這間小宅位在新界西貢區的將軍澳，室內面積不到10坪，原本兩房格局被打通，加上開放廚房與櫥櫃隔間應用，重新分配的平面以工作室為主軸，展現出彈性靈活的生活態度。櫃體，是房子裡是最重要的家具，妥善整合了洗衣機、乾衣機、電視機、衣櫥、書本等收納，而每個面相所對應的功能，同時劃分出玄關、客廳、廚房、臥室，無形定義了空間。

以白橡木、地磚與粉刷構成空間色調，在呈現出小清新日系風格的同時，卻也部分沿用了傳統日本建築的設計精神。JAAK把動線安置在窗邊，在柱間窗台加上軟墊，擷取「緣側」融合過道與停駐的功能性，同時也讓自然光可以最大限度地滲透到內部，流動於各個空間，得到採光加乘的效果。

★全室預算　290萬元（752265港元）
★家具廠商　Normann Copenhagen、Hay、Koti Living

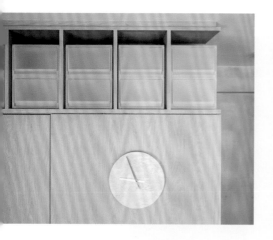

尺寸解析
長500cm的天花板連續貨架

室內高度約270cm，塊狀的廁所空間寬280cm、長295cm，利用深度40cm系統櫃做為隔間，並於距離天花板的留白處安置了連續性貨架，使共有將近500cm長的收納空間，而貨架設計在廁所牆面部分採用內退手法，維持牆面的平整性。櫃格深度約40cm，使用MUJI無印良品的PP收納盒，尺寸為長26cm、深37cm、高17.5cm，每個格子內堆放了2個。

平面圖解析

A+B 玄關位置不變，將浴室隔間拆除，用系統櫃取代之。

C 原為封閉的小房間，取消隔間牆之後，廚房空間得以釋放。

D 原被房間擠壓，空間十分狹小，將隔間打通之後，恢復寬敞的空間感。

E 用書櫃與書桌隔出睡眠區。

F 浴廁位置基本上不變，在隔間材料上以櫃體取代，爭取更多收納空間。

G 床架用系統櫃取代，下方也有隱藏收納。

H+I 走廊規畫衣櫥，並且整併窗台，打造出緣側般的休憩區。

BEFORE

AFTER

Ⓐ 空間

多面向空間，兩座系統櫃穿插活用

整體空間是由兩大座預製系統櫃構成，第一部分是書桌、電視櫃到衣櫥，第二部分則是同時做為廁所隔間的玄關櫃，並利用櫃頂厚度安排儲藏空間。櫃體兼具了收納與隔間功能，劃分出廚房、玄關、浴廁、臥房等空間。

Ⓑ 材質

人造石與橡木板，系統櫃變身玄關主角

玄關櫃使用預製的系統櫃，但局部加上人造石檯面與背板，跳脫白橡木板材質，讓風格有所跳躍，同時也塑造出端景焦點。下櫃的左右兩個櫃格設計較大，尺寸為長27cm、深38.5cm、高38.5cm，隱藏收納洗衣機與乾衣機等大型電器。

Ⓒ + Ⓓ 空間

釋放狹小廚房，導入自然採光

將廚房隔間牆取消，使狹窄空間釋放出來，併入公共空間，改善緊迫的空間感與不良採光。廚房與玄關之間的立櫃用來隱藏冰箱，頂部剩餘的空間則做成雙面櫃，提供廚房與餐廳收納儲物使用。廚房裡，洗手槽的對面就是空調主機的位置，直接將流理台面做ㄇ字型延伸，可隱蔽機體，也增加些許備餐檯面。

Ⓔ 櫃體

開放櫃格巧用，打造迷你電視牆

衣櫥與書櫃堆疊成的 L 型，成了臥室與公共空間
的隔間，而在面向公共區域的外部，又加上了長
122cm×深30cm×高267cm的系統櫃，巧妙在
兩個櫃體的側面收尾。系統櫃的中間區段分別留出
數個開放格，可做為電視牆與設備櫃，且電器利用
櫃體走線，一舉數用。

Ⓕ 隔間

廁所上空退縮，隔間牆融入貨架概念

利用浴室隔間牆頂的內退，爭取了外部的儲物空
間。此外，為了防止廁所潮濕問題，材料使用層壓
板，而天花板則用鋁合金，並且覆蓋了貨架的內縮
部分，防止水氣致使櫃體發霉。

Ⓖ 櫃體

隱藏線孔與書櫃,保持視覺齊整

電腦桌被定位在衣櫥與貨架之間,利用櫃體來隱蔽線路與設備。桌面整合在系統櫃內,靠書桌的開放櫃格用來收納書籍,而桌面設計有隱藏的線孔,盡可能維持簡潔的視覺感受。另外,桌面上方安裝了拉簾,當另一方需要深夜工作或會議時,也能保持臥室的隱私。床也採取架高設計,下方藏有收納空間。

PLUS+
為了節省預算與保持視覺整齊,重新配置的電路直接埋在地面磁磚下,插座則設在櫃體底部。

Ⓗ 櫃體

衣櫥取代隔間,廊道化身伸展台

由於公寓空間狹窄,所以更必須仔細安排儲存空間,設計師使用白橡木系統櫃打造的衣櫥,同時也是臥室與走廊的隔間牆。值得注意的是,衣櫥設計了兩面開口,面向走廊的開口在拿取上較為方便(頗有 walk in closet 的意味);但如有訪客時,就可改在臥室更衣,不擔心隱私曝光。

Ⓘ 窗台

無用窗台併入動線,完成高空閱讀平台

柱子與柱子中間各有兩個窗台,深度為 64cm、寬度分別是 142cm 與 189cm,這原是十分浪費坪效的設計,在不阻擋單側採光的前提下,從客廳到臥室的動線集中在靠窗處,而窗台加上軟墊變成休憩與閱讀角落,這樣兼具動線與停駐功能的通廊空間,很類似日本傳統建築的緣側。

02
挑高
8坪
3人

無印塩系小住宅

50坪換屋8坪！熟齡的茶禪新空間

品茗禪坐＋閱讀書寫＋悠閒泡腳
生活更有樂趣

以木質調呈現屋主想要的平靜氛圍，以大尺寸家具延伸視覺，8坪很小？其實一點也不小。

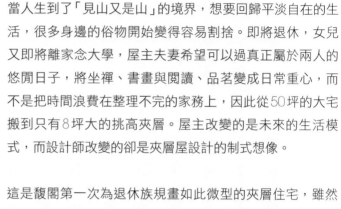

住宅類型	中古屋
居住成員	父母＋女兒
室內坪數	8坪
室內高度	3米6
格　局	玄關、客廳、廚房、主臥、次臥、書房、衛浴
建　材	磁磚、木皮、木地板、強化玻璃、鐵件、壁紙、電動升降設備

文字 黎美蓮
圖片提供 FUGE 馥閣設計

當人生到了「見山又是山」的境界，想要回歸平淡自在的生活，很多身邊的俗物開始變得容易割捨。即將退休，女兒又即將離家念大學，屋主夫妻希望可以過真正屬於兩人的悠閒日子，將坐禪、書畫與閱讀、品茗變成日常重心，而不是把時間浪費在整理不完的家務上，因此從50坪的大宅搬到只有8坪大的挑高夾層。屋主改變的是未來的生活模式，而設計師改變的卻是夾層屋設計的制式想像。

這是馥閣第一次為退休族規畫如此微型的夾層住宅，雖然屋主全權託付，但設計師還是擔心，8坪夾層屋的機能與收納，真的能讓住慣50坪的屋主適應與滿意嗎？其實在做出大宅換小屋的決定之前，女屋主就將常用與不常用的物品分成兩處，經過近一年的測試，確定不常用的物品幾乎都不會再使用，堅定了她換屋的決心。

前屋主是單身男子，建商原設計有著降板大浴缸，夾層做為一人臥室也十分足夠。但兩夫妻要住這樣的小套房，甚至女兒偶而會回家，必須有完整家庭機能與可以區分的兩處臥室。為了讓空間充分被利用，設計師在規畫完客廳，並縮小過大的浴室後，只剩下電視牆後方可以作為廚房與樓梯空間。因此設計師自行研發可以內縮進電器櫃的電動梯；為了擴充收納，設計師更與工班不斷歷經失敗與研發，在不易利用的挑高角落，設置電動升降吊櫃，把收納藏起來，小空間更顯清爽無壓。

> ★**全室預算**　200萬（含傢具）
> ★**家具廠商**　名邸傢飾 /02-27113039
> 　　　　　　　惟德國際（燈具）/02-87706177

┃尺寸解析┃
小家裡的足浴場

在一次度假泡湯的美好記憶下，屋主提出可以在家泡腳的期望，設計師利用原來浴室的管線，並將注水龍頭置於櫃體下，打造64 × 65 × 30cm的泡腳池，美型又實用。

┃平面圖解析┃

A 原為開放式廚房，避開進門見灶風水忌諱，打造成獨立書房。
B 以大尺寸書桌、窗邊長坐榻，讓主空間感覺氣勢不小。
C 在公共空間兩端的足浴區上方，以及書房區上方都設有電動吊櫃。
D 廚房走道設置隱藏式電動樓梯，需要時再遙控出現。
E 臥室空間茶桌處，女兒回家時就成為臥鋪。

BEFORE

浴室1.5坪

廚房1.5坪
D

B

客廳＋餐廳4坪
A

AFTER

▲ 平面空間

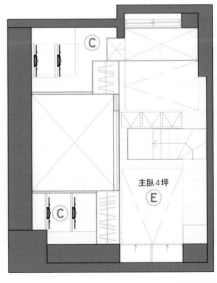

C

主臥4坪
E

C

挑高空間

Ⓐ 空間

工作區，以拉門分隔兩個世界

男主人需要書房工作區，為了避免電腦
的科技感與全屋充滿慢活的生活感不對
味，設計師將原來一進門的廚房區，以
櫃中書房的概念改建成隱藏的工作區，
不需要使用時關上木質拉門，就能將公
事與雜物隔絕，享受充滿禪味的氛圍。

Ⓑ 家具

大尺寸家具＋功能多變坐榻

小坪數空間擺放大沙發與大書桌，減少零碎的擺設，藉著由小見大，更能凝聚視覺焦點，忽略窄小的空間感。而女主人擅長茶道也喜歡打禪，大尺寸的家具更有著實用的必要。此外，屋主夫妻喜歡邀請朋友作客，因此，設計師訂製寬347 × 深42 × 高35cm 的長坐榻，搭配能隨意更動坐墊位置，讓屋主可坐可臥，或是配合客人到訪調整座位，下方更則是隱形收納，機能強大。

Ⓒ 櫃體
升降櫃，收納向上發展

雖然不必容納50坪的家當，但屋主的衣物與收藏仍需好好規畫。平面空間坪數有限，因此，利用入口書房區，以及足浴區上方挑高空間，做升降櫃收納，就成了設計師的巧思與挑戰。原先單臂設計的升降櫃，會因承重而傾斜，小升降櫃上方則需隱藏空調，歷經摸索與實驗，才做出方便取用的巧妙機關，並改變了3米6夾層需要爬著拿取物品的窘況。

Ⓓ 階梯
廚房＋機關算盡的隱藏電動梯

隱藏在電視櫃後，是這間屋子最大的機關。一座充滿創意的隱藏式電動梯，完全因應格局需求的獨家設計。設計師歷經多次的設計與實驗，將開闔自如的樓梯與電器櫃結合，下廚時收起，上樓時拉出，寬127 × 深75 × 高162cm的階梯，行走也方便，更是夾層上區隔親子睡眠區的界定。

Ⓔ **空間**

一家三口可以共眠的寢區

主臥依樓梯分成兩個區塊，一側是屋主夫妻的寢區，兩旁設計為吊桿與拉抽，另一側原先的衣櫃極深，需要爬進去，考量屋主年紀，將前方規畫隱藏式衣櫃，後方改設升降櫃。另一邊可以擺放茶桌（原先嵌入泡腳池的蓋板，小空間一物多功），女兒返家就可移開當臥舖。

屋中屋，小家也能好好玩！

盒子屋＋空橋＋落地大書牆櫃
走進日系風的家

步入玄關，右側為開放式的客餐廚公領域，左側樓梯串聯上下左右三房和衛浴。

住宅類型	新成屋
居住成員	3 人
室內坪數	12坪
室內高度	4米6
格　　局	3房2廳1衛
建　　材	松木夾板、黑板漆、松木實木皮、日式榻榻米地板

文字 邱建文
圖片提供 好室設計

名為「積木山莊」的12坪住宅，打從一進門就可以感受到光線從四方大量湧入，淺色松木以及淡綠色成為家中主色調。當初，屋主講述著對這小家仍期望擁有三房二廳的期望，主臥、書房、更衣室……就在這些訊息中，設計師陳鴻文浮現出「一個家，不同單元」的盒子堆疊概念。

當初房子左半邊樓板高度為4米4，右半邊則是3米6，一分為二的兩種不同樓高，正好提供設計上可多可能性，於是，設計師一開始先將樓梯以動線的最短距離做定位，再利用左側的樓高，結合空橋，形成主臥、兒童房、更衣室、書房，以及浴室，5個獨立的機能空間。

有趣的是，主臥與更衣室門框出入口，採以斜屋頂的小房子造型切割，俐落中顯現童趣，行走在其中可以想像自己如同從一個房子，走到另一個房子。更衣室的轉角視窗設計，則可讓媽媽一覽客餐廳的動靜。

空橋過道之下，則規畫成全家的書房區。讓這個小住宅展現了氣勢的440cm高的落地書牆背後，原本是零亂單調的黑色分割窗框，運用落地書櫃將原有窗框遮蔽，再透過虛實錯落的格狀設計，留下透光之處，既讓光線柔和地揮灑入內，也整個居家俐落之中同時散放原木的況味。

★全室預算　200萬（不含家具）
★家具廠商　原柚本居 /02-87515957

平面圖解析

A 玄關櫃。

B 開放式的客餐廳，綠色主牆涵蓋各式收納。

C 原本的廚具，加高上方櫥櫃，增加收納空間。

D 樓梯以懸浮設計，意在增下下方空間流通感。

E 兒童房位於主臥正下方。

F 書櫃貫通上下兩層，讓自然光穿透，並結合寫字檯功能。

G+H 主臥與更衣室之間的過道為空橋，方便取用上層書櫃。

I 更衣室。其外牆轉角以鏤空設計，破除實牆的封閉感，讓視野穿透到客餐廳。

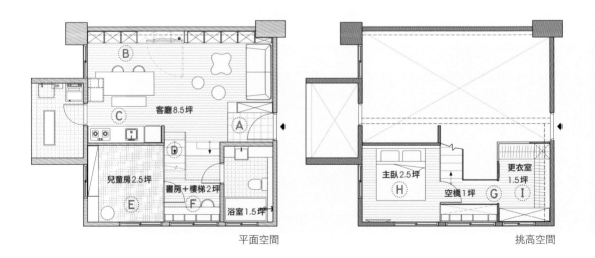

平面空間　　　　　　　　　　　　　　　　　　挑高空間

Ⓐ 櫃體
Ｃ型玄關櫃、衣帽櫃

入口玄關櫃為水泥粉光質感的系
統板材，除了收納室內拖、外出
鞋，穿鞋椅上方的Ｃ型懸吊櫃則
做為衣帽櫃使用。

▌積木山莊概念圖▐

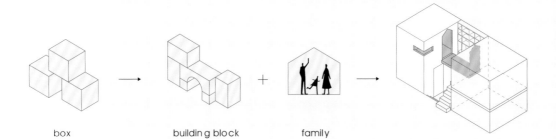

box   →   building block   +   family   →

Ⓑ 櫃體
600cm 的複合式主牆櫃

客餐廳主牆，為總長600cm的系統櫃牆。左側深40cm格子櫃分別為紅酒櫃、書櫃。電視機使用機械手臂可轉向沙發區。將一般的美耐皿櫃門，以茶綠色的噴漆上色。

Ⓒ 廚櫃
橫吊櫃，替廚房爭取 40cm 高的收納區

原來的廚房高度為200cm，由於設備簡單收納效果較為不足，因此在原有的吊櫃之上，利用上方空間再加一層40cm高的橫吊櫃，並打造與冰箱和流理台齊寬的深度，再運用餐桌旁的矮櫃收放電器，大幅增加儲物空間。

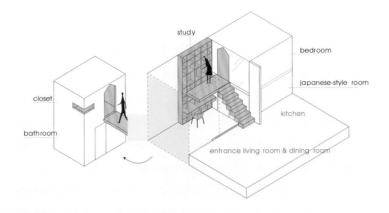

study
bedroom
japanese-style room
closet
kitchen
bathroom
entrance living room & dining room

Ⓓ 樓梯

懸浮梯，定位空間的重要動線

以鋼梯結構包木材質的樓梯，面向寫字檯的兩個上方階梯，則設計成箱型展示櫃，可供陳列生活擺飾。從書房走上客餐廳的台階，以二階松木搭配插半截黑色梯面，增加跳色和坐凳的趣味。

Ⓔ + Ⓕ 空間

書房 + 兒童房，以梯為分界

書房、閱讀區與空橋空間部分交錯，是以440cm高，每格跨距50cm松木書櫃，以及書桌整組訂製規畫而成。松木櫃體以卡榫組接，沒有釘孔的粗糙感，主臥下方的兒童房，設置橫拉式置物櫃，邊側的ㄇ型桌可移動。

G + H 空間

串連兩個小屋的空橋式走道

空橋以玻璃和白色鐵件為欄杆扶手的設計，不僅營造通透感，也在書牆之間預留空隙。同時，空橋也是串連主臥與更衣室的重要過道，主臥的門片，將玻璃結合木紋軟膜，與更衣室的小房子造型門框呼應。

I 收納

更衣室吊掛、拉籃、層板分區

屋主對更衣室的需求，除了以層板做出拉籃、抽屜之外，大部分以吊掛為多，因此除了右側牆以層板收於樑下之外，另兩側多設置吊桿，深度60cm的工作平台方便媽媽整理熨燙。更衣室與書房櫃體可見到的大片木紋理效果，則是將松木皮採以旋切方式處理。

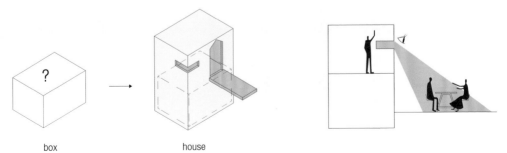

box   house

04
挑高
10坪
2人

無印塩系小住宅

迴廊小宅！
一轉角就是一種機能

高低差＋立面屏障櫃
隔出私密、溝通不間斷

白色電視牆兼電器櫃，隔出廚房與客廳，足夠的寬度還能坐在上方欣賞窗景。

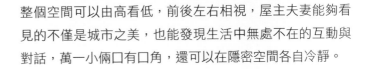

住宅類型 新成屋
居住成員 夫妻
室內坪數 10坪
室內高度 3米6、4米2
格　　局 客廳、廚房、臥室、衛浴、陽台、夾層儲藏室
建　　材 烤漆玻璃、不鏽鋼、人造石、磚、健康合板

文字 黎美蓮
圖片提供 FUGE 馥閣設計

整個空間可以由高看低，前後左右相視，屋主夫妻能夠看見的不僅是城市之美，也能發現生活中無處不在的互動與對話，萬一小倆口有口角，還可以在隱密空間各自冷靜。

然而，在最初遇見這個小房子時，原始格局可不是這麼美好。原本只有小小10坪的挑高屋，一進門處就是廚房與客廳，走下階梯則是衛浴與臥室，錯層的規畫讓地坪走沒幾步就有高低落差，還得靠階梯銜接動線，十分不便。因此，設計師為新婚屋主將3米6的部分做為客廳與臥室，中間以半開放牆板為界；4米2的部分則稍微拉高地坪，外陽台也一併架高與長廊拉齊，以一道隱藏升降餐桌及收納，串聯廚房、客廳與臥室的長廊化解困局，讓欣賞夕照的角度不再被女兒牆遮擋，進廁所也不必再踏一階階梯。同時也彌補坪數不足以及增加收納機能。

挑高區設置儲藏室，不做滿的原因是方便屋主將雜物拿下來，不必爬進去翻找。而極高的電視櫃頂鄰近挑高的儲藏室，一步就能跨過，可以坐在高處變換視野。依照屋主夫妻喜愛的質感，設定木與白的色調，屋主最大的需求是要有浴缸，於是進行浴室大改造，先確定廁所使用的木紋磚後，再找到花色相近的健康合板，延伸為室內天地壁的統一調性。

★**全室預算**　160萬元（含家具）
★**家具廠商**　Design Butik 集品文創 /02-27637388
　　　　　　藝兆窗飾織品 /02-33225120

電視與冰箱共用一櫃

以一座兩用的電視櫃區隔客廳與廚房,背後是寬120cm x 高220cm x 深66cm的冰箱電器櫃,上方也是一個可以坐著欣賞窗景的高台,不管另一半在任何角落,都能無障礙對話。

│平面圖解析│

A 將原本廚房移位,規畫出客廳。

B 玄關客廳處,佈置輕巧的家具以及鞋櫃。

C 主臥與壁面的大容量衣櫃,把收納藏在私密空間。

D 挪移部分陽台空間打造長廊平台,串聯全屋動線。

E 在長廊隱藏升降桌,是最不占空間的餐桌。

F 讓廚房與衛浴拉齊地坪高度,讓動線流暢,下廚更順手。

G 挑高平台與儲藏室。

H 更改格局,放大衛浴空間,為屋主增設最想要的泡澡浴缸。

BEFORE

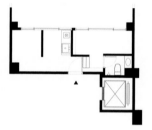

AFTER

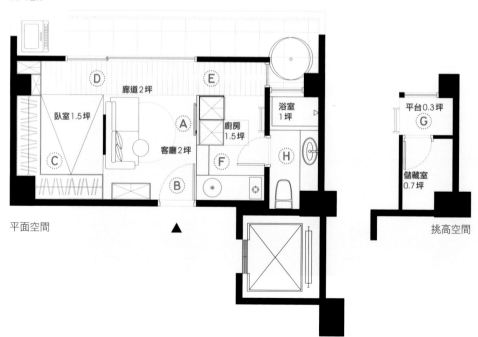

廊道2坪

臥室1.5坪

客廳2坪

廚房1.5坪

浴室1坪

平台0.3坪

儲藏室0.7坪

平面空間　　　▲

挑高空間

Ⓐ 空間

客廳居中串聯兩端

原先格局是公私領域分開，因此廚房就很難避開進門見灶的窘困，設計師打破公私界限，進門可以看到城市景觀的最好位置留給客廳，一旁則以鞋櫃連接左側主臥櫃體，再以健康合板的木色牆板為屏風，阻擋直視主臥的視線，廚房則移至右側，區分更明確。

Ⓑ 家具

固定式家具＋彈性活動家具

因為空間坪數極小，加上空間的固定式家具已經齊備，玄關客廳區在家具的選擇上以簡潔設計的矮茶几，搭配附滾輪的置物架，可依據使用需求隨時移動，若有客來訪時，長廊平台可成為坐椅，桌几換個方向就能成為聚會茶几。

Ⓒ 櫃體

環繞式衣櫃，床側挖空取代床頭櫃

主臥的收納則依著兩側的牆面，將3米6的高度全部做成衣櫃，大小高低不同的格櫃，收納機能絕對完備。設計師在櫃體下方靠床側挖空，保有呼吸空間放置手機小物外，也放上夜燈方便閱讀。

Ⓓ 材質

地板＋天花：長廊平台貫穿全屋調性

設計師選用與衛浴木紋磚花紋幾乎一致的健康合板，經過硬化處理，讓它更耐磨實用，將同一材質貫穿全屋，像長廊平台由地面到壁面展示櫃再延伸至天花，甚至是主臥的門片，讓空間調性具有整體感，就不會因視覺過於紛亂而覺得窄小。

Ⓔ 設備
長廊平台暗藏升降桌

雖然坪數小且人口簡單，但設計師仍給了屋主夫妻獨立的用餐區。緊鄰廚房的長廊平台，隱藏了升降桌，一旁則開了小窗，在晨光裡用餐，在月色中談心。尤其電器櫃增設料理平台，距離很近，遞送碗盤菜餚十分方便。

Ⓕ 空間

廚房區墊高地坪，收納取用超順手

4米2的區塊原先有兩階階梯，走兩步又要再上一階到衛浴，動線不順暢，設計師考量屋高足夠，將廚房地坪填補近20cm的高度，與衛浴同高。不管是流理檯或上方層板櫃，使用拿取都很順手。

⒢ 空間

儲藏室＋祕密基地＝挑高區

在挑高的空間裡，設計師捨棄做滿儲藏
收納，除了讓空間不致過度密閉，最重
要的是，當先生出差不在家，藉由墊高
的長廊當中介，女主人拿取雜物不會太
費力。同時，也可以做為一個祕密基
地，讓空間與人，人與人的相處都有緩
衝的距離。

⒣ 門片

隱藏式浴門，外拉不佔內空間

為了滿足屋主想要浴缸的期待，把浴室
面積擴大，門片隱藏在牆面，採向外拉
開，內部就不需一個迴轉空間，進出方
便。靠近陽台處設置浴缸，多了採光
面，泡澡時也能欣賞窗外綠意，成為放
鬆舒適的好享受。

轉向思考！6.5坪也能大量藏書

橫向書櫃＋泡澡浴缸＋彈性餐桌
生活尺寸不犧牲

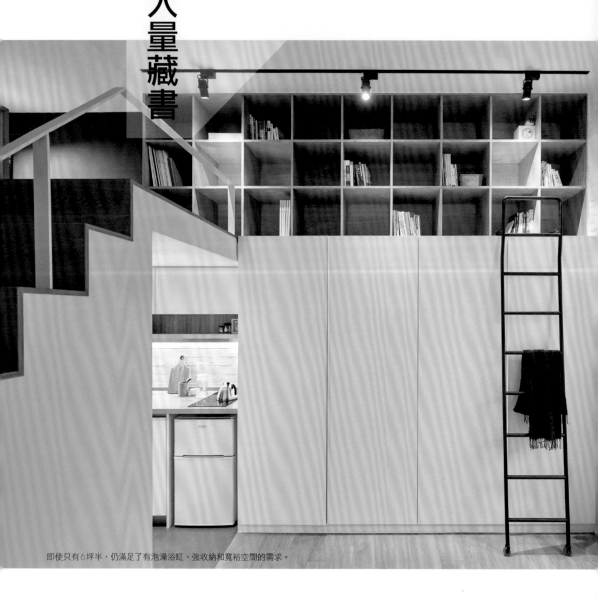

即使只有6坪半，仍滿足了有泡澡浴缸、強收納和寬裕空間的需求。

住宅類型	中古屋
居住成員	1人
室內坪數	6.5坪
室內高度	3米3
格　　局	客廳、餐廳、廚房、主臥、衛浴
建　　材	橡木皮、染白木皮、夾板、鐵件、海島型木地板、磁磚

文字 溫智儀
圖片提供 A Little Design

6坪半，這個幾乎比小旅館房間還小的空間，竟然能夠讓生活好滿足，不只有小廚房可以做菜、不必委身在茶几而能坐在正常餐桌用餐、有空間邀一群朋友來作客，還擁有足以容納從五百多本書的書牆！最完美的是，設計師排除供水量和設備收納的萬難，替需要泡澡消除疲勞的屋主爭取到了140cm的標準浴缸。這些設計，解決了老公寓原本的侷迫格局，創造出讓屋主全然放鬆的單身小家。

轉向思考就會不一樣！原本電視機擺放在現今衣櫃位置，浪費了整牆空間，因此，設計師將電視機位置移至樓梯立面，管線孔預留在樓梯下方，未來可直接安裝。如此一來，空出的挑高大牆便依使用頻率設計上下層主題收納，下方是好拿好收的衣櫃，而書櫃則轉為橫向，設置在上方，以滑軌五金立梯輔助取放。

仔細看會發現，雖然空間不大，但廚具、衣櫃、臥榻、邊桌的尺寸並沒有因空間限制而縮小，保留人體需要的舒適規格！此外，除了只有邊桌可移動變化，其他固定式家具如臥榻、衣櫃、樓梯盡可能靠牆，避免產生走道和畸零地，讓出中間的一塊空地，屋主除了能從容使用周邊收納，更多了在家運動的場地。

★**全室預算** 請洽 A Little Design
★**家具廠商** 櫻花廚具 /0800-021818
　　　　　Design Butik 集品文創 /02-27637388

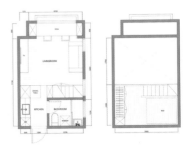

尺寸解析

超大容量橫向模矩書櫃

9×3格的橫向書櫃，每一格長寬37.5×37.5cm，深40cm，尺寸和無印良品的模矩書架系統相應，可與收納籃、塑料盒、直立A4文件夾等配件相容。一格大概可以放20本書，總共27格的書櫃，幾乎可以擺滿500本書！

平面圖解析

A 樓梯位置不變，但將原有的廚櫃處用來隱藏大型電熱水器。

C 原為沙發區，將沙發移置B後，擺放兩張可移動式長窄桌。

D 原為電視櫃，利用此區直接做出書櫃和衣櫃結合的大型收納區。

E 為挑高上層空間，做為臥室睡眠區，床尾牆面原來是得跪坐著取衣的衣櫃，如今規畫成小型閱讀桌。

F/G 廚房和客聽交接處原有小吧台，調整後讓廚房加長可以置入洗衣機。

H 將原有的推開式門片改成橫拉門。

BEFORE

AFTER

平面空間

挑高空間

Ⓐ 階梯

隱藏收納電熱設備

在台灣，沒有陽台的住宅無法申請瓦斯，小型的瞬熱式電熱水器則不足以供應泡澡的熱水，調整了隔間之後，在樓梯下方空間分割出儲熱式的電熱水器，擁有30加侖的大容量。樓梯從牆板式扶手改用鐵製扶手，增加視覺通透性，下方壁面則預留了電視的位置，同時有兩個隱藏式鞋櫃。

Ⓑ 家具

沙發＝臥榻＋收納櫃

利用窗邊原有的凹入空間，以深90cm的臥榻當大沙發，深度同單人床還可留宿親友。表面材質是榻榻米，下方大型抽屜設計足以收納客廳物品。此外，臥榻左右兩側的延伸桌面是上掀式，夠深的空間方便將小毯子和抱枕收納進去。另有上壁櫃與層架，增加許多隨手收納空間。

Ⓒ 家具

靠牆長形工作桌＝併排大餐桌

配合牆面長度，訂製兩張一樣的窄邊桌，尺寸為40×100cm，桌面材質為橡木原木，
兩張桌子靠牆時當工作桌，長達200cm卻不佔客廳空間，合併時即可成為80×100cm
的寬裕餐桌。多人來訪，也能合併成一張大長桌移到沙發前，視需要隨時變化功能。

Ⓓ 櫃體

下段衣櫃 + 上段書牆

配合使用頻率，下段設計成經常使用
的衣櫃。書櫃則橫向疊在衣櫃上方，
設置滑軌立梯方便拿取較少用到的藏
書，高處開放式設計，避免門片阻礙
取物。而書櫃延伸到二樓的樓梯口，
常用的書伸手就可拿到。書櫃前後各
留10cm的寬度，前面設置滑軌，後
面則藏水電管線，剛好與衣櫃深度切
齊，完成一體感。

Ⓔ 空間

書架閱讀桌 + 睡眠區

挑高住宅上層高度是120cm，剛好是坐姿舒適的高度，因此設置以坐姿為主的床和閱讀
桌。由於書櫃延伸到二樓的樓梯口，順勢做出深度相同的閱讀桌，伸手就可拿到6格書櫃的
常用書籍和物品，也兼梳妝台功能。睡眠區的捲簾沒有拉繩只需要使用隱藏把手，便可自由
調整下拉程度。

Ⓕ 空間

整合櫃體，避免產生走道

固定家具如廚具櫃、衣櫃、書架等儘可能整合在同一面牆，讓空間不要產生走道。廚房空間雖然上方留給睡眠區，但仍留有站立舒適高度約200cm，好採光一路通到玄關，因此不會產生壓迫感，加上地坪採用有別於客廳木地板的磁磚，除了便於清潔，更讓此空間更具獨立性。由於空間小，盡量讓材質和材質變化簡單，因此全室採用橡木本色和白色，維持視覺清爽。

Ⓖ 廚具

輕量型上掀吊櫃

一字型廚具的檯面，搭配標準深度35cm、稍微壓低高度的40cm短吊櫃，由於高度低於一般上櫃，門片採用上掀設計（比對開門還不佔空間，對短櫃尺寸來說，關上掀門也容易），雖說使用頻率較高的用品可以置放在下方層板，但實際使用時屋主通常會將上掀門全部打開，清理或使用廚房時，用具一目瞭然且取放更為順手，只需在清理完整後蓋上門片，一切又回歸秩序。

Ⓗ 門片

浴室橫推拉門＋鏡面維修拉門

屋主有泡澡習慣，因此將洗衣機移出，結合廚具，原先淋浴空間則改造成浴缸。因應衛浴入口就在玄關和廚房的走道上，採用橫移式門片，省去推拉門需要迴旋的空間。浴室內的玻璃鏡同時也是一道拉門，拉開即可見階梯下方的電熱水器，用以方便維修與使用剩下的收納空間，鏡子拉門，視覺上還可以放大浴室的空間。

06

單層
24坪
2人

無印塩系小住宅

清新日光居，用家具發想一個家！

以淺木色為基礎，無印感家具延伸，屋主期望的是一個簡單明朗的住家。

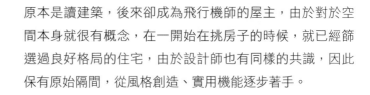

住宅類型	新成屋
居住成員	2人
室內坪數	24坪
室內高度	3米03
格　　局	3房 2廳 2衛浴 2陽台 1廚房
建　　材	日本硅藻土、夾板、實木木皮板、超耐磨地板、玻璃、壓克力漆

文字 張艾筆

圖片提供 十一日晴空間設計

The November Design

原本是讀建築，後來卻成為飛行機師的屋主，由於對於空間本身就很有概念，在一開始在挑房子的時候，就已經篩選過良好格局的住宅，由於設計師也有同樣的共識，因此保有原始隔間，從風格創造、實用機能逐步著手。

打從一開始，喜愛日系風的屋主，就期望家中可以部分採用無印家具，設計師以此為基礎發想，再搭配色彩與線條相近的 Hay、HARTO、Ruskasa、有情門等北歐、法國，甚至於台灣的設計家具，融合出屋主心中家的模樣。小住宅的空間因為是採用家具的主調性再延伸，固定式裝修如電視牆、餐廳半牆，以及書櫃、衣櫃……也都環繞著相同的質性。在機能上，由於屋主的職業需求，家中十分需要大型行李箱的收納區。原本沒有儲物室的家，在書房的樑下的內凹空間找到了適合的位置，透過與書櫃與儲藏室整併設計，讓整面牆足以收羅家中上百本書籍，以及各式大型器具、箱體。

舒適的8坪公共空間，則由白色矮牆區隔出玄關、Mini Bar 和餐廳，一如日劇中的生活場景，考慮到客廳和主臥的位置長時間日曬，壁面材選用日本住宅常見，有除溼排熱的效果的綠色珪藻土，而當初建商所附的深木色門片，也重新以壓克力噴漆處理成淡綠色，與牆體搭配。仔細觀察不難發現，整個小家的色彩以綠、灰、白、木四色為主，低彩度不張揚的選色，正是日系住宅的關鍵。

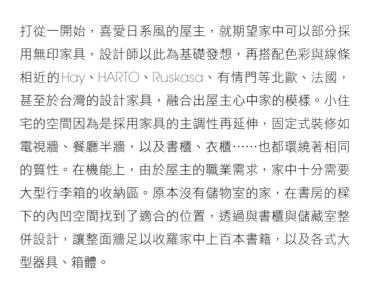

★ **全室預算**　100萬元（不含家具家電 / 造型燈具 / 窗簾；廚房 / 2衛浴 / 隔局無變動）
★ **家具廠商**　Woow&Co.（HARTO）/02-23253225
　　　　　　　Ruskasa/02-66369788

▌尺寸解析▐
延伸橫樑，書櫃與小儲藏室整併

書房區包覆上方橫樑，深度以儲藏空間為主，以寬90.5×深57×高240cm的小型儲物櫃收納大型物件。書區則選購MUJI 寬199.5×深28.5×高200cm的書櫃，搭配自由組合抽屜，幾乎可放置500本以上的A4書籍；上方也利用橫樑延伸出的空間充份運用。

▌平面圖解析▐

A 200cm 長度的矮牆打造玄關區，並在入口側邊做出一面多功能鞋櫃。

B 客廳以硅藻土牆面和淺色夾板電視牆的材質運用重新奠定家舒適慵懶的極簡風格。

C 餐廳空間，利用矮牆做小隔間。

D 觀景陽臺書房，利用此區原有的樑柱，做出一整面收納櫃體。

E 主臥空間，延續公共區域的淺木色。

BEFORE

AFTER

Ⓐ 櫃體

懸空設計＝方便換鞋區

玄關櫃體下方做內凹處理，多出的空間剛好可以
當做拖鞋和外出鞋的換鞋區，對於小空間的玄關
來說，有一區可以直接把鞋子踢進去的空間很重
要，玄關就不會凌亂。而白色系統櫃內以活動層
板、抽屜、吊桿組成，內部空間可完整收納40
雙鞋子、10枝長傘。

Ⓑ 空間

客廳區以橡木色打底，家具塑型！

客廳主牆以灰綠色珪藻土為底色，再以價格平實
的淺木色夾板拼接出電視牆，溝縫效果讓牆體十
分立體。同樣的木色與MUJI橡木色電視櫃、地
板，以及HARTO的茶几與沙發旁小書櫃，組搭
起來十分適合。可上下移動的風琴簾，則可依照
視線、日照需求調整。

MOJAVE
LEEKY I N2466D I 2011.05.30
-
UP IN THE AIR
-
LEEKY SHUMEI

The New Design 2013.12.18

Ⓒ 家具
矮牆鏤空設計+Mini Bar與延伸餐桌

一道矮牆隔出玄關，牆面上開洞，剛好成為一進門順手放置信件和鑰匙的平台，上方也能夠隨手放置物品，等於是小置物台。矮牆的高度110cm，剛好是人挺直坐著的視線高度，穿過矮牆就能看見玄關，低頭又有隱蔽性。175cm×200cm大小的餐廳區域，餐桌挑選MUJI小型可伸縮的樣式，多人來訪或需求增加時都可隨空間延展。另外，利用後方窗台增設結合收納抽屜的Mini Bar，讓餐廳也同時具備咖啡館的功能。

Ⓓ 櫃體
書房樑下微改裝，滿足大型儲物機能

靈活運用採光良好的特質，將本區作為書房和家用物品的綜合區域。結合本區管道間將MUJI 5×5的格狀橡木書櫃放置於此，並利用上方橫樑順勢作出一整面的書牆，邊側以系統櫃規畫一個較大的儲物空間，再利用可塗鴉的鋁框霧面玻璃做拉門設計。

Ⓔ 櫃體
MUJI層架衣櫃+霧玻鋁框拉門

將主臥櫃體以鋁框霧玻設計達到透光不透明的效果，為近4坪的臥房打造一面260×160cm的彈性衣櫃，內部則是由設計師依收納衣物類型，搭配規畫適合的MUJI不鏽鋼層架組，滿足吊掛、層架，以及小化妝台的需求，衣櫃上方也做了可放置換季棉被的白色木作收納櫃。

07

單層
15坪
1人

無印塩系小住宅

廚房是靈魂！
長型小宅的聰明格局

迴遊動線＋以櫃為牆
一體兩面的隔間寬敞術

將廚房從原入口玄關移至窗邊，家的生活主題立現。

住宅類型	大樓-舊屋翻新
居住成員	單身男子和未婚妻
室內坪數	15坪
室內高度	3米03
格　　局	客廳、餐廳、廚房、主臥、次臥、主浴、客浴
建　　材	實木木皮板、海島型木地板、玻璃、壓克力漆、壁紙

文字 張艾筆、溫智儀
圖片提供 十一日晴空間設計
The November Design

這個長型小宅從大學時期就陪伴了屋主兄弟到出社會，哥哥搬了出去，現在弟弟也有了未婚妻，於是決定重新裝修。原本形同學生宿舍的格局已經不符合現在一人居住和未來結婚的生活，於是設計師將原有隔間和木作全打掉，並以屋主喜愛的日系風格定調，全面重新配置。

只有15坪，隔間必須分寸計較，因此直接在空間中央設置兩道櫃體為隔間牆，左右對半劃分公、私領域，一半是客廳和餐廚空間，一半是書房、臥室、更衣間。櫃體則是兩面用，以櫃內的凹凸設計滿足兩邊的收納需求，為受限坪數的小宅增添了順手和趣味。由於只有單面採光，首先分析對屋主日常生活來說，公領域中最重要的是用餐和下廚空間，因此改動廚房位置到窗前，透過L型廚具、電器櫃、餐桌懸吊式上櫃圍出餐廚空間，順暢動線及舒適光線讓烹飪和用餐都如同在戶外郊遊般自在輕鬆。

身為醫生的屋主，需要一張夠寬夠長的大書桌放置兩台電腦螢幕和閱讀，因此對半的私領域空間，決定採光面設置閱讀區，結合陽台角窗訂製超大、超實用的書桌，並搭配一字型懸吊層板和可移動式下櫃增加收納，讓需要進修的屋主有足夠的學習空間。清楚的公私領域劃分，衛浴也特地打造兩個門連通主臥和客廳，就算其中一位的親友來時，另一半在臥室也不會互相打擾。

★全室預算　180萬（不含家具家電/造型燈具/窗簾）
★家具廠商　Crosstyle 北歐家具 /02-26274248
　　　　　　Seeddesign/02-23221715

┃尺寸解析┃
凹凸設計之雙面功能櫃

外側客廳電視牆除用隱藏式線槽收納電路設備，也量身訂製長條扁平一字型音響架，且透過置物籃整合下方15cm的高度，靈活補足小宅的收納力。電視牆後方內側是主臥高190cm×寬188cm的收納牆，幾乎可放置近50本A4尺寸的書籍和分攤更衣間的收納。

┃平面圖解析┃

A 為L型的廚房料理區。

B 放置餐桌享受日光廚房，和A、C形成餐廚區的便利三角動線。

C 直接以櫃體當作隔間牆，以此為中線，左右對分公私領域。

D 衛浴雙入口創造出公私領域的迴遊動線，並保全私領域的完備隱私。

E 原為廚房區，將廚房移至A後，打掉隔間重新整合成為玄關和客廳。

F 客廳電視牆和臥室書櫃的雙面櫃設計。

G 原為屋主學生時代和哥哥的房間，現在做為屋主的書房和主臥空間。

H 為凹凸雙面櫃設計，一面凹入做為床頭櫃使用，一面則為更衣室的衣櫃。

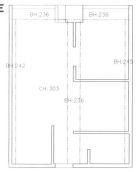

BEFORE

BH:236　BH:236
BH:242
BH:245
CH:303
BH:236

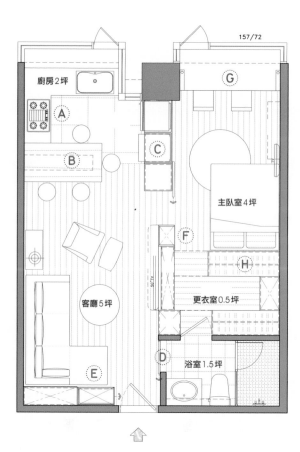

157/72

廚房2坪
A
B
C
G
主臥室4坪
F
H
更衣室0.5坪
客廳5坪
D　浴室1.5坪
E

AFTER

Ⓐ 空間

L字形廚房，角窗外推讓出寬台面

廚房結合外推的角窗讓料理檯的深度從60cm增至100cm，不僅讓食材的洗淨和處理可同時被進行，在靠窗處也能種植各式小盆栽。

Ⓑ 櫃體

開放式吊櫃，兩側皆可取物置物

透過約兩坪的區域整合廚房和餐廳的一切所需。開放式吊櫃設計，讓小宅能全面享受日光和風的通透感，面向廚房一側，輔助做為廚櫃，放置咖啡器具；面向餐桌的則又可當作餐櫃，放置調味罐。

Ⓒ 櫃牆

電器收納櫃＝隔間牆

沿著空間中線設置電器櫃和電視櫃，清楚將公私領域分為兩半。整合管道間、大樑的位置設計一面200×60cm可容納冰箱、洗衣機、烤箱等功能的廚房電器櫃。櫃體以淺色木紋包覆，並透過層板、活板的設計讓半開放式的櫃體可被靈活運用。為讓空間佔用降到最低，櫃體本身也是主臥書房的隔間和拉門收納的地方。

Ⓓ 門片

雙入口衛浴，形成迴游式動線

衛浴空間位於客廳與臥室之間的角落。考量到屋主完整的隱私需求，除了主臥可通到衛浴，在電視牆最右側也設置一個入口。親友來訪可直接由客廳進入，不必經過主臥，而不想被打擾的另一半也不必在繞道客廳。

Ⓔ 櫃體

側拉鞋櫃＋雜物櫃，玄關一櫃搞定

倚靠大門的高205×深40cm的綜合側邊收納櫃，整合玄關和客廳的功能，包括門片式高櫃、上掀式下櫃、挖空櫃體的置物檯面，和高165×深40×寬80cm的可收納將近25雙鞋子的側拉式鞋櫃，不同門片的開啟方式，大幅增加順手度。

Ⓕ 櫃牆

臥室書櫃＝客廳電視櫃

書櫃右半是開放式層架，左側則是以門片隱藏書牆。部分深度挪用借給電視牆厚度，包含了電視後的收線槽，下淺上深各是28cm和32cm，可分別放置不同開本的書籍。接近地面的橫段則是全讓給客廳，內凹夠深的空間可利用收納籃輕鬆將雜物隱藏起來。

Ⓖ 家具

結合角窗寬敞工作桌

將約莫4坪的空間作為多功能書房區與睡眠區。結合角窗30cm的深度，訂製一張220×70cm書桌，可同時擺放兩個螢幕、多本書籍，並在側邊設計收線槽。此外，桌旁的上方也以一字型層板讓屋主可擺放收藏品，下方則以矮書櫃來收納常用書籍和其他設備。

Ⓗ 櫃體

凹入式床頭櫃＝更衣室衣櫃

這是另一個雙面櫃設計，以木作整合床頭、衣
櫃，節省區域隔間的面積，透過兩用櫃體整合睡
眠區和更衣室。一面作為放置鬧鐘、手機的床頭
櫃凹入式平台；另一面則是有深淺抽屜、層板、
拉籃、吊桿設計的開放式衣櫃。更衣室位於床頭
後方，由兩道衣櫃隔間而成。

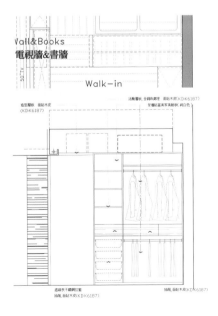

藏與露法則！16坪變26坪超好收

複合櫃體＋側掀床＋收納家具
一個角落多種機能

透過精算過的機能配置，10多坪的小空間也能有寬敞的客廳與大餐桌。

住宅類型	新成屋電梯大樓
居住成員	夫妻、1小孩
室內坪數	16坪
室內高度	2米85
格　　局	玄關、客廳、餐廳、廚房、主臥、兒童房、衛浴
建　　材	德國超耐磨地板、系統板材、大理石、實木貼皮、訂製鐵件

文字 魏雅娟

圖片提供 宅即變 空間微整型

扣除公設後室內只有16坪兩房兩廳格局，是現在常見的小空間住宅，沒有玄關收納鞋子、不知如何擺下餐桌，以及空間侷促、沒地方規畫收納，都是最難克服的困境。透過設計師巧妙運用各種複合收納櫃體，不僅無中生有創造出玄關與餐廳，還可當隔間串聯客、廚空間；超強收納滿足一家三口的生活機能，還讓視覺穿透，小空間變大了！16坪彷彿有26坪，玄關、客廳、餐廳、廚房、浴室、主臥與小孩房，一應俱全，住起來更是好收、好用，感覺寬敞、好舒適。

住小空間，收納很重要，更要注重收納藏與露的比例。以電視櫃結合廚櫃的雙面櫃做隔間取代實牆，滿足客廳與廚房收納機能同時，因為上面鏤空的展示架，視覺穿透了，空間也隨之寬敞。一櫃多用、多層次的鞋櫃結合餐櫃，用門片櫃與抽屜櫃方便收納、藏住雜亂。

在這裡，家具也能一物多用！從客廳的腳凳，到主臥房窗邊矮櫃坐榻、上掀床，是家具、都是收納工具；小孩房可收起來的側掀床，讓空間使用極具彈性。設計師充分發揮複合收納櫃體，處處體現生活機能的超強收納，拿捏恰當的藏與露，以小搏大，打造一家三口實用、舒服的幸福宅。

★全室預算　90萬（含家具）

★家具廠商　守承傢飾／02-29029258

┃尺寸解析┃
家具式收納

充分活用每一公分，所以就連家具，也要幫忙收納。主臥挑選上掀床，內部有180×143×22cm的收納空間，用來放厚重的棉被、毛毯、衣物。沙發區量身訂作一長75×寬75×高40cm的腳凳，掀開來即可收放雜誌與雜物。

┃平面圖解析┃

A 客廳腳凳藏有收納功能。

B 原為一道實牆，打掉後用電視櫃結合廚櫃的雙面櫃當隔間，區隔與串聯客廳與廚房。

C 浴室門口正對餐廳，將門片設計成暗門並與牆面融為一體。

E+F 規畫一鞋櫃與餐櫃共用，於D擺放餐桌，同時創造出玄關與餐廳。

G 沿窗邊做一抽屜矮櫃座榻，旁邊延伸處配置泡茶區。

H 衣櫃善用五金配件，主臥依男女需求而有不同細節，小孩衣櫃可隨孩子成長需求調整高度。

I 用可收起的側掀床，收起時可當小孩遊戲區，床旁邊規畫置物層架。

BEFORE

AFTER

Ⓐ + Ⓑ 隔間

客廳廚房分界，
電視櫃 + 廚櫃 + 鏤空展式架

由於客廳面寬只有3米，擺放沙發與電
視之後空間會顯得十分擁擠。因此打掉
客、廚間實牆，為空間多爭取12cm，
並將電視內凹櫃結合廚櫃的雙面櫃當
隔間，搭配上方鏤空展示架，整個公共
區域的視覺得以穿透延伸、放大，還為
客、廚創造超大收納機能。

ⓒ 門片

與牆面融為一體的浴室暗門

由於浴室門剛好正對餐廳,將浴室設計成暗門,並用實木貼皮與牆面融為一體,不僅巧妙化解餐廳不宜正對浴室門口的風水禁忌,也創造空間視覺和諧美感,推開暗門就是清爽的乾濕分離衛浴空間。

ⓓ 家具

大餐桌＝工作桌＋書桌

因應重視在家用餐,也會把工作帶回家的需求,用一張尺寸為80×150cm的大餐桌,搭配38×150cm的長凳、2張單椅,滿足所有需求,是一家人吃飯、喝茶、吃點心的餐桌,也是大人工作、小孩寫功課的書桌,更是情感交流的好地方。

Ⓔ 櫃體

複合式立櫃，統整玄關餐廳機能

將鞋櫃與餐櫃共用，右邊餐櫃以門片櫃與抽屜櫃，方便收納餐具用品；中間空出20cm
做一鏤空層板，可做展示，中空檯面深50cm則可擺放咖啡機、烤麵包機等小家電。

Ⓕ 機能

超大容量鞋櫃內藏穿鞋椅

將朝向門口寬50cm的高櫃規畫為鞋櫃，上半部是門片7格櫃，內部層板可依需求上
下調整，可擺放14雙鞋以上；下半部則為一附滾輪的隱藏式拉抽6格鞋櫃，拉出時可
當穿鞋椅，至少可放18雙鞋。因此上下總共可放超過32雙鞋的超大容量，一家三口綽
綽有餘。

Ⓖ 家具

窗邊矮櫃＋座榻＋泡茶區

沿著原有較低的窗台設計一長210×深40×高
45cm的抽屜矮櫃，除可收納摺疊衣物外，加上
坐墊後50cm的高度，符合人體工學，坐下去相
當舒服，窗外的綠意一覽無遺，延伸處還能做為
泡茶區，主臥室實用、休閒兼具。

Ⓗ 收納

層板、吊掛、抽屜，需求男女大不同

主臥衣櫃依照男女不同需求，而有不同的細節配
置，右櫃規畫吊桿與褲架，方便吊掛衣物為主。
中間有一薄型抽屜，可放小飾品配件；左邊窄櫃
留135cm，可吊掛洋裝與長大衣，下方抽屜櫃
可擺放摺疊衣物，讓每件衣物都有合適的位置。

Ⓘ 機能

小孩房，側掀床＋塗鴉玻璃＋置物層架

以可收納的側掀床，搭配床收起時的底部可塗鴉玻璃，小孩房是舒適的睡眠場所，也可搖身
一變為寬敞的遊戲區。衣櫃部分因應小孩成長階段，右側窄櫃設置層板，初期讓孩子放玩
具，日後隨需求可改成活動抽屜或加吊桿；左邊側衣櫃上方規畫層板，下方配置吊桿方便孩
子自行拿取衣物。

只打掉1.5道牆，住到退休都沒問題

單車＋大餐桌＋每房都有雙人床
小住宅滿足小貪心

敲除半道牆後，引導光線進入室內，客廳採光變超好。

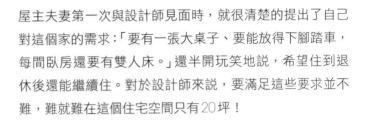

住宅類型	新成屋
居住成員	夫妻+1小孩
室內坪數	20坪
室內高度	3米4
格　　局	玄關、客廳、餐廳、廚房、主臥、小孩房、書房、 主浴、客浴、儲藏室
建　　材	梧桐木皮、清水模、烤漆、黑玻、鐵件

文字 劉繼珩

圖片提供 蟲點子創意設計

屋主夫妻第一次與設計師見面時，就很清楚的提出了自己對這個家的需求：「要有一張大桌子、要能放得下腳踏車，每間臥房還要有雙人床。」還半開玩笑地說，希望住到退休後還能繼續住。對於設計師來說，要滿足這些要求並不難，難就難在這個住宅空間只有20坪！

仔細評估這間新成屋的原始格局後，設計師認為空間本身問題不大，但書房和廚房的牆卻擋住了光線，不僅影響到室內整體的明亮度，亦讓空間顯得狹小，因此打掉書房半道牆，把密閉式廚房改為開放式，不用大動格局就讓居家瞬間開闊，結合餐桌、工作桌雙功能的大桌子也能放得下，實現了屋主的第一個願望。

當空間已經不大，還要再擺一台體積不小的單車，聽起來像是天方夜譚，不過設計師運用玄關處訂製了懸掛單車的鐵件，讓單車也成為設計的一部分，完成屋主賦予的任務之餘，更將屋主的日常興趣呈現在住宅樣貌中。

由於屋主很重視居住舒適性和使用機能性，設計師也盡可能在設計上讓兩者達到平衡，除了該有的鞋櫃、衣櫃，再利用兼具收納和坐臥用途的臥榻放大儲藏量，讓一家三口的物品無須隨著時間增加而煩惱無處可放，看來真的能住到退休也不用擔心呢！

★全室預算	150萬（不含家具）
★家具櫃商	永亮企業 羅家駿（系統櫥櫃）/ 0926-600950 叁人傢俬 / 02-23661062

┃尺寸解析┃
掛上腳踏車也寬敞的玄關

由於男主人有騎自行車的興趣，希望能將腳踏車收納在家中，因此設計師把玄關規畫得比一般稍大一些，運用鐵件將腳踏車掛上，並計算預留好90cm寬的走道，讓人不用閃避腳踏車就能輕鬆走動。

┃平面圖解析┃

A　將原本介於玄關廚房之間整片牆打掉，騰出空間擺放可當作餐桌、工作桌的大桌子。

B　客廳空間是所有動線的匯集地。

C　通往書房的半堵牆打掉後，引入採光至室內，讓視野變開闊。

D　迷你空間，做為小書房。

E+F　主臥和小孩房空間善用臥榻設計增加空間收納量。

BEFORE

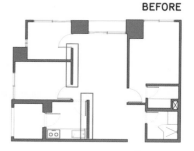

AFTER

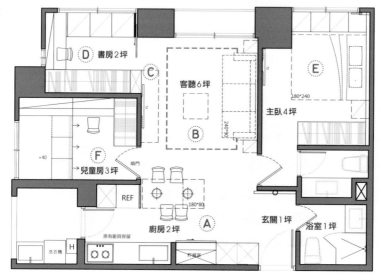

Ⓐ 家具

折板設計，長桌的 60cm 使用彈性

屋主特別強調想要一張長180cm的大桌子，
於是設計師訂製了一張長120cm外加60cm
折板的折疊桌，可隨需求彈性變化長度，
同時也事先計算好，預留下桌板打開後還有
120cm的走道空間，使用方便的同時也顧及
動線順暢。

Ⓑ 門片

牆體感的隱藏房門

視覺無限延伸是讓小空間放大的祕訣之一，而門片往往是截斷延伸感的殺手，因此設計師將
清水主臥和小孩房的門分別隱藏於沙發背牆與電視牆中，並選用與牆面相同的梧桐木皮及清
水模材質，把門片破壞延伸感的機率降至最低。此外，位於餐桌後方的落地收納櫃，其實是
家中的儲藏室，白色的移動式門片，既是櫃面亦是拉門，與廚具組搭成一體。

ⓒ 材質
清水模牆＋清玻璃，厚實中創造透明亮感
電視牆面以清水模為主要材質，但較暗的灰色易造成空間壓縮，因此設計師在近書房的牆面嵌入一片清玻，製造穿透感及放大效果，同時也做為展示收納區。

ⓓ 空間
迷你書房，收納閱讀休憩全到位
設計師在格局不變的條件下，將採光佳的房間規畫為有書桌和臥榻的私密空間，同時也於側邊規畫拉門式收納櫃體，增添小家的儲物區域。

ⓔ＋ⓕ 收納
臥榻區，收納、置物、展示功能全兼顧
即使主臥空間不大，但屋主夫妻堅持一定要有雙人床，除了基本的衣櫃外，另一邊靠窗區就以整排的臥榻設計增加收納量，並在床頭處設計可擺放小物、裝飾品的層板，平時也能當作化妝桌使用。小孩房的雙人床規畫成三個大抽屜的收納型臥榻，取代一般沒有儲物功能的床鋪。

10
兩層
26坪
3人

黑、白、灰小住宅

預算花在刀口，
小酒館的家輕鬆搞定

全透視空間＋清水模中島＋簡約藏酒櫃
興趣就是最佳展示

有自信的生活者，大膽採用零隔間設計，如何在全透視平面點出主題，是最重要的功課。

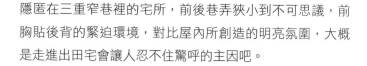

住宅類型	中古屋
居住成員	一家三口
室內坪數	26坪
室內高度	2米8
格　局	客廳、餐廳、廚房、主臥、工作室、2衛
建　材	膠膜玻璃、清水混凝土、水泥粉光、實木

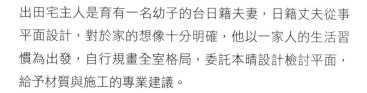

文字 李佳芳
圖片提供 本晴設計
MINA (Made In Architecture)

隱匿在三重窄巷裡的宅所，前後巷弄狹小到不可思議，前胸貼後背的緊迫環境，對比屋內所創造的明亮氛圍，大概是走進出田宅會讓人忍不住驚呼的主因吧。

出田宅主人是育有一名幼子的台日籍夫妻，日籍丈夫從事平面設計，對於家的想像十分明確，他以一家人的生活習慣為出發，自行規畫全室格局，委託本晴設計檢討平面，給予材質與施工的專業建議。

出田宅的原始格局，從極度陡峭的樓梯轉進門，幾乎沒有站腳的玄關，就直接闖進了空間，那唐突的動線追本溯源來自於這空間是擷取透天厝的二、三樓來使用，原玄關位置本就不在此，而是在出租的一樓店面。在設計師拆除老舊的木板隔間之後，以清水混凝土灌注的電視牆，除了定義主牆面的簡約風格之外，更是穩固扎實地隔離一樓，讓內外分際更加明確。

兩層樓中，下層做為共享活動區，上層則做為起居間，但兩者平面皆以「零隔間」為思考主軸，僅有部分使用膠膜玻璃區隔，使空間展現出極致透視的效果。嗜好品酩的出田先生十分重視餐廚空間，他選擇將重要性居次的客廳放在過道位置，妥善運用動線空間，而主要施工預算則花費在吧台上，風格強烈的清水模躍然成為主角，在層架酒櫃的襯托之下，在家也能享受酒館裡小酌的愜意輕鬆。

★全室預算　100 萬（不含家具）

▌尺寸解析 ▌
可收納60瓶酒的極簡酒架

以寬度150cm、深度30cm的層板結合
五金,設計出這款簡約酒櫃,恰到好處
的深度可方便拿取置放,依前後交錯放
置的話,每層可放置兩排酒(約20瓶),
若全部放滿至少可容納60瓶酒。

▌平面圖解析 ▌

二樓

A　是上下樓梯的動線,把客廳設計在此,
　　讓動線有雙重功能。

B+C　玄關位置不變,但廁所隔間重做,
　　改用膠膜玻璃,提升整體清透感。

D+E　拆除舊有的木板隔間,以吧檯區隔,
　　設計開放式餐廚空間。

三樓

F　拆除舊有隔間,工作室與臥室打通,改用書櫃區隔。

G　用膠膜玻璃隔間,設計乾濕分離浴室。

BEFORE

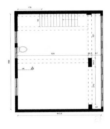

AFTER

二樓

三樓

Ⓐ 牆面

植筋澆灌電視主牆

原本二樓梯間使用木板隔間，為了讓住家的獨立性與
安全性提升，用植筋澆灌了厚度10cm的清水混凝土
牆，提供空間厚實的倚靠。隔間牆內預埋電線與插座
等，電視可簡潔壁掛不留線頭。

Ⓑ + Ⓒ 材質

膠膜玻璃＋黑板貼，省隔間厚度也保隱私

玄關距離樓梯的寬度僅有180cm，出田先生希望除
了有足夠迴身空間，也能收納單車，因此採用厚度僅
有1cm的膠膜玻璃做為廁所隔間，比起輕隔間左右
牆面共可省下7～9cm。面對玄關的牆體覆上黑板
貼紙，一來可做為家人留言記事的分享牆，二來則可
增加隱私性。

⒟ 空間
以味覺為主題的總合區

屋主希望可有機能完整的廚房，包含烹調區、用餐區，甚至用以經營興趣的吧台。在整個餐廚空間，以出田先生熱愛品酩興趣為重點，用清水混凝土植筋澆灌的吧台，加上設計簡約的層板式酒櫃，走進空間就彷彿進入私人酒吧，立即可感覺放鬆。吧台與流理台之間的過道保持100cm以上寬度，保持動線流暢與取物便利性。

Ⓔ 中島

ㄇ字型清水模中島底座，收納量大

寬105／75cm、長180cm的L型中島，利用吧台右側伸出的部分來界定廚房區域。由於出田先生嗜好品酒與咖啡，清水模中島的檯面採用高低設計，以隱藏量體龐大的咖啡機。中島的ㄇ字底座加入木作層板，高度吻合市售儲物箱尺寸，可用來分類收納。

Ⓕ 空間

家具與玻璃的穿透隔間

上層起居室則是以彈性隔間為思考，為了撙節預算，出田夫妻妥善利用原有家具來隔間，而燈具也採用可移動的軌道燈，日後空間可因應小孩成長需求來進行變更。這裡的樓梯間則採用強化玻璃隔間，玻璃的上半部保持清透，以引自然採光，下半部則貼上膠膜，以保持起居室的隱私。

Ⓖ 材質

檜木地板、膠膜＋清玻璃，簡約日式風呂

受限於空間面積，浴室不適合再安裝浴缸，但基於日式生活的泡澡習慣，出田先生希望浴室可有檜木地板，增添風呂的想像。壁掛式的面盆、瓶罐櫃等，維持空間簡約，加上清玻璃的乾濕分離，盡可能減少元素，維持簡約清爽的空間感。

第二個家，為生活釋放大片留白

連續收納櫃牆＋隱藏掀床＋玻璃隔間
臥室輕鬆變身交誼廳

在簡約時髦的外衣，這間小宅卻擁有百變性格，開闔掀取之間，私人俱樂部瞬間變身舒適小套房。

住宅類型	中古屋
居住成員	1人
室內坪數	14坪
室內高度	2米6
格　　局	一房、二衛、廚房
建　　材	磐多魔、木作、南方松、膠合玻璃

文字 李佳芳

圖片提供 本晴設計

MINA（Made In Architecture）

觀察本案的原始平面，在小小的14坪空間內，卻規畫了兩間衛浴，泡澡間更是處境尷尬，位置在平面另一端，且夾生在室內與陽台之間，整體規畫令人費解。不過，要是點明此屋位在台北一度時興的「飯店溫泉宅」大樓內，就不難理解原格局的設計邏輯，以及屋主購入此宅的主要動機。

以「第二宅」做為主要訴求，設計上必要滿足個人休閒放鬆所用，臥室、泡澡間、大面窗景都是不可更動的必要條件；其次，屋主期待設計師賦予更多交誼功能，簡單的烹調設備與寬敞的待客區域。「這個小住宅最主要任務是讓一個空間可做二用，但更重要是如何將私領域完整分離，以維護個人隱私。」設計師連浩延説。

在柔軟的波浪天花板下，自玄關延伸到廚房的牆櫃，那薄薄41cm的厚度一口氣滿足了生活基本，除了有客用衣帽櫃、儲藏櫃與主人衣櫥，甚至還藏了一張升降雙人床！陽台落地窗經過修正後，開窗面積被放到最大，在最低限度的隔間條件下，連浩延首先將廚房挪至角落，以讓出完整客廳區域，接著將玄關浴廁面積刪減到最小，將淋浴功能併入陽台泡澡間，使淋浴淨身即可直接泡湯，不必再圍著浴巾奔跑穿越，使用更為合理。

通過光的流瀉顯影，那空間近似清水混凝土的灰色調中，卻有著平滑細緻的表面，連浩延表示整體精緻質感來自於地坪到櫃門皆覆蓋以磐多魔，像是珠寶盒的絨面內裡，襯托出小巧空間的光輝感。

★**全室預算**　140萬（不含家具）

尺寸解析
垂直吊桿衣櫃VS.掀床

連續櫃體的設計以掀床收納為準則，櫃體深度為41cm，扣除掀床佔據寬度164cm，其餘分割為3座衣櫥。不過，櫃體要做為衣櫥的話，深度稍嫌不足，為了滿足女屋主吊掛收納衣物的需求，將吊桿垂直安裝，單座衣櫥可吊掛20件衣服。

櫃體立面圖

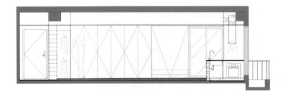

平面圖解析

A　原本一字型廚房取消，改為連續牆櫃與掀床。

B+C　將原本浴廁的淋浴功能刪除，讓出寬裕的玄關。

D　原本為床區，現在則做為廚房空間。

E　原有淋浴功能併入風呂空間，考量防水問題，建商設計泡湯區不予變動。

F+G　陽台開窗重新塑造，使窗戶可以全開。

Ⓐ 材質

磐多魔塗料，模擬清水模灰階

女屋主喜愛清水模所創造的光影色調，卻擔心混凝土的氣孔與肌理過於明顯，因而地坪與櫃門改採灰色磐多魔塗料，使灰階色彩兼具層次感與細緻感。

Ⓑ 空間

縮減廁所坪數，讓出玄關

將浴廁的淋浴設備移至風呂間，讓出足夠的玄關空間。區隔玄關的高櫃設計為兩面使用，面向玄關為深度 35cm 的鞋櫃，面對客廳處為深度 65cm 的衣帽櫃。

Ⓒ 牆面

滲透導光的玻璃材質

原浴廁隔間拆除，改用膠膜玻璃，施工時先將金屬框埋入地坪、再鑲上玻璃、最後以矽立康收邊，使符合防水機能。此外，轉角處採用弧形玻璃，柔軟造型呼應天花板，也讓自然光可以滲透到玄關。

Ⓓ 空間

波浪天花板＋磚砌粉光廚具

空間通過巨大的橫樑（在廚房的上方），思考使用天花板進行修飾，又想避免平封天花的呆板，因此以角料釘出曲線，利用夾板可彎曲的塑性，打造出波浪起伏的天花板。廚具部分則設置在空間角落，藉以釋放出完整客廳空間，使用磚造流理台，再於表面做水泥粉光呈現厚實感，再對比人造石檯面的薄度，完成風格現代的廚房。

Ⓔ 設備

淋浴＋泡湯合一，符合使用邏輯

原本在玄關衛浴的淋浴機能，移至泡湯區，關於沐浴的設備整合在此，更貼切使用邏輯。使用玻璃門與蘆葦窗簾做為隱私區隔，平時皆可敞開，保持良好的室內採光。

Ⓕ 空間

陽台，利用外框擴大開口

為了擴大陽台的開窗面，使其達到可以全開通透的效果，拆除建商原有的鋁門窗，在陽台外重做外框，讓門片可以收納在外牆的後方，從室內看出去的視覺不再有門片阻擋，再加上南方松棧板架高拉齊地坪，礙眼的鋁門框消失，只留下純粹的風景。

家的居心地，花磚廚房＋媽媽工作室

玻璃拉門、一櫃多用、客房整併
彈性擁有三房兩廳

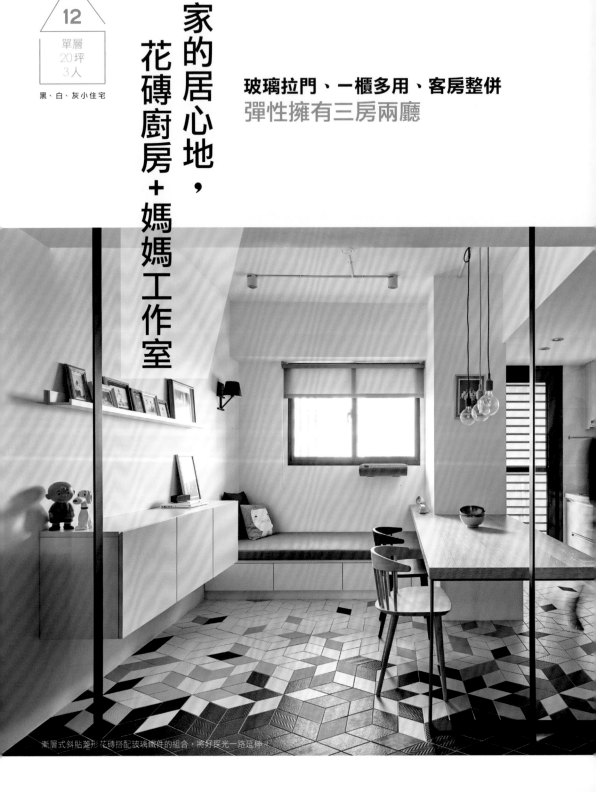

漸層式斜貼菱形花磚搭配玻璃隔件的組合，將好採光一路延伸。

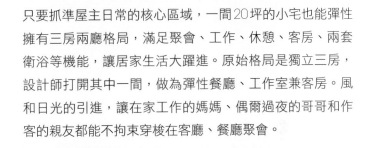

住宅類型	新成屋
居住成員	新婚夫妻和母親
室內坪數	20坪
室內高度	2米87
格　　局	客廳、餐廳、廚房、主臥、次臥、主浴、客浴
建　　材	進口瓷磚、鐵件、玻璃、木皮

文字 張艾筆
圖片提供 Z軸空間設計

只要抓準屋主日常的核心區域，一間20坪的小宅也能彈性擁有三房兩廳格局，滿足聚會、工作、休憩、客房、兩套衛浴等機能，讓居家生活大躍進。原始格局是獨立三房，設計師打開其中一間，做為彈性餐廳、工作室兼客房。風和日光的引進，讓在家工作的媽媽、偶爾過夜的哥哥和作客的親友都能不拘束穿梭在客廳、餐廳聚會。

設計師以立體觀點構思收納空間，將貫穿客廳與廊道的樑柱包入櫃體，成為上淺下深的黑白系多功能收納，為小而美的家創造綽綽有餘的收納之地。不隨意切割、分段是設計小宅的基本原則，訂製和天花板齊高的窗簾，在視覺上感覺有一大面窗，並且隱藏窗框的分段，這樣的方式會比從窗框開始做窗簾來得俐落。地坪則透過木地板和磁磚來分別場域，以黑、白、灰三色系的菱形花磚搭配玻璃鐵件的組合，以漸層跳貼拼接，將好採光從外到內一路延伸，從視覺上可延伸小坪數的空間，創造富層次感的效果。

當生活動線、格局收納、都滿點之後，接下來就是以居住人為本的家具設計了。設計師建議如果預算不足，小宅可以把空間做得簡單，預算放在活動家具，以點綴式使用，但必須注意要結合實用等功能，讓未來都還能彈性使用。如果選擇折疊家具，就要把五金折損率考慮進去。

★**全室預算**　125萬（含家具）
★**家具廠商**　Luxury Life（Flos燈具）／02-27002218
　　　　　　　Design Butik 集品文創／02-27637388

頂天立地的漸層收納櫃

客廳與廚房交界處,以287×205cm的櫃體包覆57.5cm的樑柱,下方則維持足夠高度和深度放置家中行李箱、吸塵器等等大型家具;櫃體內部也以活動層板來設計,讓屋主可依照生活型態而調整。

┃平面圖解析┃

A 包覆建物樑柱,打造玄關鞋櫃、電視櫃和屋主收藏品的共同收納櫃。

B 結合屋內的結構樑,打造深淺不一、多功能的居家收納空間。

C 結合臥榻、懸吊櫃、工作聚會的多功能育樂空間。

D 三房變兩房,減少隔間,透過材質的運用增加空間的通透感和利用方式。

E 以中島設計結合電器櫃、餐廳、工作桌等多功能空間。

F 加長原本沙發背牆的長度,並擺放斗櫃,讓家的公私領域分明完備。

G+H 原本雙衛浴格局不變,客浴外轉角區做獨立洗手台。

AFTER

次臥 2.5坪

客浴 0.8

餐廳+廚房 4.3坪

主臥衛浴 1.3坪

主臥 4坪

客廳 8.1坪

BEFORE

Ⓐ 櫃體
電視櫃 + 鞋櫃 + CD櫃

以黑白為基底的電視牆，以包樑手法融合57.5cm
的樑柱，滿足玄關、設備和家居的收納，櫃體總長
有229cm，分上段的隱藏式貯存空間、下段開放
式的CD櫃，和側邊45×35cm的側拉鞋櫃，以及
中段放置鑰匙、信件的凹槽平台。

Ⓑ 櫃體

漸層櫃體＋居家留白及彈性空間

以頂天立地的方式隱藏橫貫空間的大樑，白色門片裡有上下深度32cm、62cm不一的桶身和活動層板，可視收納物品分層放入這個大型收納空間。此外，在櫃體前方寬約2.8公尺的方正開放空間，在親友聚會時可彈性運用。

Ⓒ 空間

三合一，餐廳是工作書房也是客房

由於客房使用率不高，不需要獨立三房，因此打掉其中一間的隔間牆做為餐廳空間，並改以玻璃拉門隔間，日後需要時可加裝窗簾。另外在窗前設置2米1長的臥榻，增加一處舒適的閱讀角落，親友來時則可當座榻，偶爾當作哥哥回家時的客房。

Ⓓ 材質

西班牙菱形花磚，躍升獨特風格

廚房黑、白、灰三色系的菱形花磚搭配玻璃鐵件的組合，以漸層式的斜貼、跳貼交錯來拼湊地坪，彷彿日光從裡到外一路延伸，從視覺上延伸小坪數的空間！開放式的餐廳連結廚房，結合電器櫃延伸出大餐桌，也可以是工作桌，充分利用餐廚空間閒置的時間。

Ⓔ 空間

扭轉一字型廚房，成為中島餐廚

原本一字形狹長廚房拆除隔間後，與餐廳整合成中島式開放式廚房，入口則以轉角玻璃鐵件設計出穿透隔屏。原本牆體位置改為電器櫃與延伸長桌，增加的電器櫃輔助收納大型電器，開放式的動線設計，轉身就能上菜到中島餐桌，不必再繞出廚房。

Ⓕ 牆面

增長背牆，修飾視線與空間比例

拉長沙發背牆的原本的長度，利用加長的牆面遮住一進大
門會直視廁所入口的視線，並讓背牆後的臥室擁有完整的
開門迴旋空間，維持臥室完整方正的獨立性。放上一張大
沙發，並在沙發旁擺放斗櫃，讓整體空間比例更好。

G + H 材質

主衛浴木紋地磚+轉角客浴六角壁磚

延續廚房的花磚風情，主臥衛浴以刷白木紋地磚讓搭配
馬賽克壁磚；而獨立在客浴外的洗手台壁磚，則以白色
六角磚鋪陳，轉角一路延伸至客浴內部牆體，讓小空間
擁有立體簡潔壁面，地板則是使用西班牙進口花磚。

13

單層
20坪
2人

黑、白、灰小住宅

打開拉門，
就是16坪Party空間

滿足品酒、咖啡、練舞
歡迎20人來作客的小住宅設計

鐵件結合玻璃的拉門，或加上鏡面處理，成為放大空間的亮點設計。

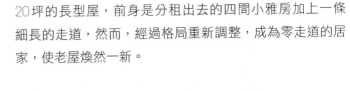

住宅類型	老屋
居住成員	2 人
室內坪數	20坪
室內高度	主臥、兒童房、書房2米8；客、餐、廚2米4
格　　局	2房1廳1衛
建　　材	鐵件、玻璃、鏡面、黑板漆、實木貼皮、水泥粉光牆面與地面、超耐磨木地板、復古花磚

文字 邱建文
圖片提供 緯傑設計

20坪的長型屋，前身是分租出去的四間小雅房加上一條細長的走道，然而，經過格局重新調整，成為零走道的居家，使老屋煥然一新。

喜愛紅酒，同時也是咖啡迷的屋主，經常邀請品酒會二十多位朋友前來作客，當初在規畫討論時，就希望居家空間能呈現雅致的生活品味，朋友群聚又不覺擁擠。在這20坪的小住宅，原本是多樑多柱的條件，設計師卻反而將之轉為優勢，利用柱與柱的間隔，將重點式的家具和櫃體，靠牆收整完全不著痕跡。也因此，讓原本瑣碎沉悶的空間，不只擁有開闊的客餐廳，同時也讓機能空間結合過道，分區明確絲毫無切割零碎之感。

此外，設計師不因是小住宅而縮減空間、家具設備的使用尺寸，而是盡可能透過設計，釋放出足夠的活動坪數，大餐桌、大沙發、大型櫃體，讓生活一點都不用委屈。

除了與朋友們的歡聚需求，還得因應熱愛肚皮舞的女主人、未來小孩的出生，再納入練舞室和兒童房的多元機能，彈性空間於是成為一大重點；至於於長型小住宅常見的單面採光，如何引進自然光，以穿透延伸到室內深處……則在設計師將人、空間、光線作優先順序的交叉分析之後，格局配置也就清楚的分界了。

★**全室預算** 190萬（含家具）
★**家具廠商** 品東西（微風南京店）/ 02-87128578
　　　　　　筑軒家具 / 02-27087558

┃尺寸解析┃
零走道設計

窄長的住宅裡，將客房／兒童房與書房一起規畫進來，一區為寬300cm的客房／兒童房，另一區則通往主臥的過道，運用樑與柱的內凹空間，將220cm書桌嵌入其中，結合上層收納櫃體，形成半開放式的書房，並預留寬敞的130cm走道，椅子拉開使用後，其後方亦可供一人進出主臥。完全充份運用空間尺度。

┃平面圖解析┃

A 主臥室，是全室唯一固定之私領域。

B 軌道門拉開後，可再放大公共空間的尺度。關上兩側拉門，又是閱讀或練舞的私密空間，亦可作為客房或兒童房。

C 通往主臥的長型空間，創造一個獨立書房。

D 客、餐廳空間，以中島為空間的中心點，分隔玄關與廚房。

E 所有櫃體、廚具靠牆設置，讓小空間成為零走道住宅。

F 餐桌為小住宅的中軸，與浴室共同分隔出玄關、廚房料理區。

G 以精品衛浴，打造淋浴和泡澡的雙重享受。

主臥 4坪

兒童房 2.5坪

書房 1.5坪

客餐廳 8坪

浴室 1.5坪

Ⓐ 櫃牆

半牆式隔間，
大量引進自然光

為了引進全室唯一的窗光，以女兒牆120cm的高度為對應，規畫出主臥與兒童房的分隔矮櫃牆。矮櫃內裝掛桿，日後可讓孩子自己掛衣。主臥櫃牆部分，則在床頭設有300cm寬的上下兩層的收納櫃，下層為上掀式收納空間，上層為對開門，內裝三層層板疊放衣物。

鐵件 + 鏡面 + 黑板漆拉門，切換空間機能

黑色鐵件結合玻璃所打造的拉門，以高240cm、長300cm的大尺度(單一門片100cm)，移動採上下滑軌，讓門片的支點更加穩固，客房／兒童房裡，將活動拉門與鏡面結合，就是熱愛肚皮舞的女主人最佳練舞空間。活動門片的另一面，則採用黑板漆，可作為小朋友的塗鴉牆，而人多時，打開兩邊轉角拉門，就能和客、餐、廚合成一氣，形成16坪大的公領域。

Ⓓ 材質

水泥粉光 + 木材質，地與壁的純粹質地

重新規畫的居家空間，以灰色調為主，水泥粉光的牆面與地面，搭配木質材的櫃體與地板，兩種元素相互交替。客餐廳、玄關廚房的地面為水泥材，臥室、書房則為木地板，清楚分界公領域和私領域二大區，也替空間簡單定調。

Ⓔ 櫃體

電視櫃 + 廚櫃，樑柱整合一字型櫃

一字型的烤漆廚具直接延伸到客廳，以60cm的櫃體深度，形成可供擺放電視櫃的區域，不會有分割的零碎感，使整體視覺爽落。廚櫃的形制也巧妙嵌入紅酒櫃和大型冰箱，並於足夠的餐具收納空間之外，在靠近電視牆的櫃體，可提供兩層置放烤箱或微波爐的電器櫃，以上掀式門板的拉抽設計，增加使用的空間與方便性。

Ⓕ 家具

**彈性摺疊桌 + 中島，
超過 300cm 的品味主題區**

夫妻喜歡喝紅酒，常邀品酒會二十多人共聚，故而設置 210cm 長餐桌，並可拉開增長為 280cm，使餐桌延伸到沙發區前側，形成交錯的空間，讓朋友坐落兩區，都更能輕鬆交談。此外，屋主上過專業的咖啡課程，也特別於餐桌靠牆處契入主題式的中島櫃，專放沖煮咖啡的器具，便於來往水槽擦洗沖泡，又能與朋友邊煮咖啡邊聊天，享受愜意的生活品味。

Ⓖ 空間

花磚＋灰磚，沐浴盥洗明確區隔

衛浴以拉門為設計，不會有迴旋空間的浪費，黑色木皮門片可張貼繽紛生活照，是展示與友人溫馨互動的小角落。內部用花磚與灰磚切割泡澡區與盥洗區，造型典雅的單體浴裝設蓮蓬頭，可隨時方便沖刷浴缸；入口右側才是淋浴區，以轉角拉簾區隔，平常不用時即把簾幕收進牆邊，使視覺更寬敞，如廁也迴身自如。

享受吧一個人！
讓書漫延的獨享宅

主題臥室＋把陽台搬進家裡，空間大一倍
不分裡外神設計

一房一廳的單人窩，不僅有黑灰白的冷魅力，更有體貼屋主多元需求的暖實力。

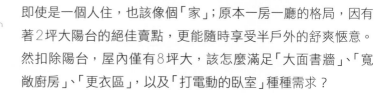

住宅類型	新成屋
居住成員	單身女子
室內坪數	10坪（不含前、後陽台）
室內高度	3米
格　　局	客餐廳、廚房、主臥、衛浴、更衣室
建　　材	超耐磨木地板、仿水泥面壁磚、鋼刷木皮染色、灰玻璃、人造石、烤漆

文字 詹雅婷 Mimy
圖片提供 禾睿設計 LCGA Design

即使是一個人住，也該像個「家」；原本一房一廳的格局，因有著2坪大陽台的絕佳賣點，更能隨時享受半戶外的舒爽愜意。然扣除陽台，屋內僅有8坪大，該怎麼滿足「大面書牆」、「寬敞廚房」、「更衣區」，以及「打電動的臥室」種種需求？

設計師找出家的核心位置，設下一張看似穿透玻璃窗戶的魔術長桌，將陽台「拉入」核心的開放式格局，生活場域得以更自由地舒展，此外，特製的室內吊燈與室外桌燈，不僅創造視覺上的延伸性，亦娓娓道出本案「軸轉之間 ×Y-Pivot」的名字由來。設計師強調，小住宅重點在於尺寸的掌握，客製化的家具與櫃體，能把坪效拉到最高。而唯一的房間則以半高電視櫃劃分出就寢區與更衣區，窩在雙人床上打電動也不再是遙不可及的夢。

此「獨享宅」不但將客餐廚相互整合，更以 Reading Room 的概念包覆 LDK（Living room & Dining room & Kitchen）區塊，自玄關轉入室內後，高達3米的書牆一路延伸至廚房盡頭，緊貼著牆面的開放式書櫃在遇見廚具後，轉化成如天梯般的層板，一共達4米7完整牆面，成為書本四處散步的休閒漫道。此外，本案的色彩計劃看似只有黑、灰、白三種顏色，實際上設計師由黑至白，挑選出7個色號，運用在空間不同角落，配搭同一色系但質地不同的建材，為空間帶來整體的一致性視覺效果。

★全室預算　120萬（不含家具、廚具、衛浴）
★家具廠商　藍天廚飾 / 02-27921086

家中最「牆」戲的文青書櫃

灰黑色的書牆轉換著不同的樣貌，前段
長207cm，深度為37cm，比一般可放
A4大小書本的書櫃再深一些，可以放屋
主為數眾多的國外精裝書本，頂端交錯
式層板更成為造型公仔的蒐藏展示台。

| 平面圖解析 |

A　畸零空間被妥善運用，設置結合穿鞋凳的鞋櫃。

B　以大型落地書櫃為主體。

C　廚房位置不改（節約管線重遷預算），保留部分廚具並
　　增添料理檯面，拓寬廚房範圍。

D　廁所亦維持原樣，換以隱藏門形式，避免廁所直接面向
　　餐桌的窘境。

E　放置單人沙發椅，簡單成就放鬆的小客廳，並藉由兼具
　　書桌、餐桌的長桌將此區的多元機能彼此串連。

F　為原本臥室的短牆，對稱D設置相對應的白色量體，作
　　為廚房的後援基地，納入冰箱和調味料抽拉櫃。

G+H　原來的臥室被切分成更衣區和臥室。

BEFORE

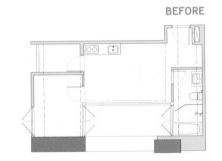

AFTER

Ⓐ 櫃體

坐看書本光景，盡收私家鞋履

入門處因管道間，導致玄關出現深度60cm的不規則空間，若直接設置為鞋櫃，會因過深不方便收拿，因此內嵌設計運用前段25cm作穿鞋凳（長約87cm），後段35cm深度作鞋櫃，內部規畫活動層板，依鞋子高度調整分割高度，平光烤漆櫃體延續牆面色調，融為一體，同時也美化玄關格局。

Ⓑ 櫃體

連廚房都想親近的書屋 Café

為完成女屋主有一整面書牆的渴望，運用小宅內最長的一道牆，在不動廚具位置的前提下，規畫橫列式的開放式書架，最上層經比例調整，與旁邊廚房上櫃相對應。透過不同高低的鐵件層架、接續上下分層的隔間，再搭配自由滑動的訂製長梯，成為特色書牆。

Ⓒ 廚具

廚房微整形！打薄上櫃向書櫃看齊

原本的廚具只有2米，瓦斯爐和水槽間的工作檯面太窄不敷使用，以人造石材質延長63cm的檯面，下方嵌入白色櫃門的炊飯器，電子鍋、電鍋都可放在裡頭使用。將原本的上櫃拆除，重新規畫與書櫃統一高度、深度（僅37cm）的白色上櫃，中段壁面改貼仿水泥面壁磚，使廚房更低調融入書牆裡。

Ⓓ 門片

衛浴隱身術，遁入白牆書世界

為考量使用餐桌時，免去面對廁所門口的尷尬，入口改以隱藏門設計，利用一旁短牆設置木作開放式條櫃，大小不一的分格皆具備32cm的深度，打造像櫃又像牆的書香端景。

Ⓔ 家具

長桌的穿越劇！室外內傻傻分不清

看似穿越玻璃窗戶的長桌，其實是兩張桌子並排的視覺效果！是為了將陽台「借」入室內的設計魔法，陽台地面與室內地坪原本有著嚴重高低差，在室外採取木地板架高，調整落差至20cm；因此，內部長約1米6的桌子為75cm高的餐桌，搭配一般餐椅即可，外部90cm長的桌子則為95cm高，需搭配吧檯椅使用。

Ⓕ 收納

預留暢通走道，變出轉角收納樹

除了一字型廚具，考量冰箱擺放位置與烹飪的使用動線，預留97cm寬的廚房走道，方便轉身取物置物，設製一收納「樹」，包含冰箱及寬度30cm、深度70cm的抽拉櫃，瓶瓶罐罐都能自由取用；就連更衣室的門片在開啟時，可一同整併到後方。此收納樹的「樹冠區」為更衣室天花板刻意降低設計的結果，對外show出展示凹槽，對內藏入冷氣機。

Ⓖ 空間

走過更衣區Runway，再登電玩寶座

臥室採二進式設計，需先經過2米6長的更衣區，才能踏上架高走道，進入具備電玩設備的臥室。對外窗上方為減輕天花樑柱的壓迫感，在樑下設置一深35cm的層板，噴黑作收納展示凹槽。

Ⓗ 設備

臥室＋電動室＝雙人床上的遊戲間

臥室刻意的架高設計，爭取到長1米6、深40cm的收納空間，輔以上掀櫃門方便使用，旁邊則直接下陷放床墊。女屋主最大的心願就是下班回家後，可以窩在床上打電動。設計師依據其偏好的電視尺寸、坐臥觀賞的視線高度，訂製半高牆面的電視櫃，左、右側規畫為電器櫃和收納隔間，放置相關的電玩設備。

天頂上的大浴場！
複層空間隱性收納學

關鍵梯設計＋中島廚房＋夢幻浴室
一個家三個主題層次

這間複層住宅宛如一座三層蛋糕架，在每層都可以享用不同的生活況味。

住宅類型　新成屋
居住成員　一對愛侶
室內坪數　12坪
室內高度　下層高約2米、平面層高2米8、上層高1米9
格　　局　客廳、餐廳、廚房、主臥、衛浴、更衣室兼客臥
建　　材　超耐磨木地板、塑膠地板、木皮、系統櫃、鐵件、灰玻

文字 詹雅婷Mimy
圖片提供 綺寓空間設計

一對伴侶共築愛巢，購入複層的新成屋，看中其得以鳥瞰晝夜變化的城市光景；然而，室內空間僅有12坪，因原始下摺式的複層設計，制式化地被切割成上層、平面層、下層共三層；從中層的入口進入後，公共領域沒有明顯分野，沿著階梯向下走即進入主臥室，主衛浴過於狹窄，若要置入屋主偏愛的獨立式浴缸，實在毫無可能！最麻煩的是，屋主希望在上層設置客臥室，如此一來，必須先從平面層往下進到主臥室，才能抵達通往上層的樓梯，動線規畫不只不方便，更破壞了私密性。

複層空間本就是一道難解的習題，不單單是完成平面配置圖，就能得出完美解答。必須以3D思維解套，在有限的格局條件下，率先透過「關鍵樓梯」的拆解，讓主臥室和上層區有各自獨立的通道，並神乎其技般以天際線的輪廓，勾勒出一接續上、平面、下層的垂直立面，善用多處隱形空間，滿足公、私領域的多元需求，補足主臥室的衣櫃收納、延伸廚房的餐、酒櫃，甚至讓樓梯與電視牆相互結合！此外，在克服載重、防水與管線等疑難雜症後，「夢幻衛浴」設置在上層，屋主得以隨興挑選喜歡的片刻，至此將自己沉入在皎潔浴缸裡，啜著一杯舒心好酒，一派優雅地欣賞著，那既陌生又熟悉的城市輪廓。

★全室預算　140萬(不含家具)
★家具廠商　浴缸ARTO / 洽各大代理商
　　　　　　藍天廚飾 / 02-27921086

▌尺寸解析 ▌
善用壁面秀出「櫃」風格

利用整面沙發背牆作壁櫃設計，長約1米75的櫃體由上自下有三種變化，上段展示馬克杯收藏和書本，深度與高度抓約A4（210×297mm）尺寸，如此一來除了一般書本，雜誌也能收得漂亮！中段鏤空，幫櫃體減重，檯面可擺上特色家飾；下段利用檯面作上掀式門片，可收納薄被等寢具。

▌平面圖解析 ▌

A　保留當初的廚具，以同樣材質延伸出電器櫃，放置雙面使用的訂製中島，原本的一字型廚房變成 1＋1 的廚房。

B　運用舊有格局的畸零空間，規畫玄關淺櫃和沙發後櫃。

C+D　原有隔間被拆除，重新規畫成兼具多功能的雙面收納基地，補足廚房和主臥的收納需求。

E　原為連結下層和上層的樓梯，後改為兩支樓梯，使動線更加靈活。

F　規畫成具有4.2坪大的專業級更衣室，還可兼臨時客房使用。

G　為後來新增的衛浴空間，為融入獨立浴缸需較大空間，將洗臉台移出。

平面空間

Entrance

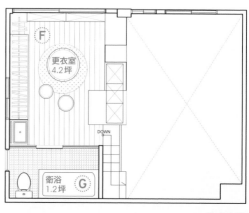

挑高空間

Ⓐ 廚具

餐桌撞上中島，餐廚跨界超食用

巨大廚房也能在小住宅出現，餐廚區訂作一個結合餐桌的雙效中島，中島90cm高、餐桌75cm高、不用彎腰或特別舉手就能輕鬆切菜備料。上方以日字型鐵架搭配層板規畫吊櫃，減輕一般封閉式吊櫃的沉重感。

Ⓑ 櫃體

玄關收納機能整合，收放都美麗

將玄關櫃與鞋櫃合而為一，櫃體僅有40cm深，內部為可動式層板，可放40～50雙鞋子！於近門把的位置，設展示平台，可放鑰匙也可擺放家飾妝點玄關。

厚實的沙發與中島廚房分別穩住兩區，沙發腳凳放上木托盤後更變身臨時茶几。

Ⓒ + Ⓓ 隔間櫃

一櫃兩面，一筆納進生活器物

移除舊牆面，搭造出上虛下實的隔間櫃，內藏下層主臥拉門。依序規畫18cm深的淺餐櫃，以及抽屜、層板與迷你紅酒櫃的多功能廚櫃，更一併納進冰箱。隔間櫃背面則為主臥深度60cm的衣櫃、電視凹槽以及冷氣安置的所在，並且利用前後錯落空間作為管線的走道。

Ⓔ 樓梯
梯間下私藏，祕密收納之道
通往上層高度的階梯在外側與電視櫃相互融合，最低的梯階更留作電視設備薄櫃，電視上方以隔柵形式設計，如同白色百葉簾。在轉角後的梯階被悄悄地轉型為抽屜，美觀又實用的伸手縫方便屋主拿取所需的雜物。

Ⓕ 空間

時尚更衣室＝頂級夜景套房

在高度1米9的上層空間裡，沿著壁面設置一字型的鐵件衣架，所有服飾戰利品氣勢開展，上端作間接照明，下方則設置深度約50cm的拉籃，以及一字排開的無把手設計抽屜；此區只要鋪上睡墊，就可瞬間變成一間頂級客房。

ⓖ 設備
獨立浴缸是最耽美的挑戰

在上層增設衛浴必須考量載重，必須先從結構面去加強，以鋼筋混泥土打底並加入鋼板，地面防水不僅施作五層，更在地板與牆面交角處鋪設防水不織布，杜絕日後滲漏問題。施工中，幸運發現建商在牆中留有糞管，省去馬桶重新遷管問題。值得注意的是，將排風機主體設置在上層衛浴中，與下層（正下方）主臥衛浴的排風機採連動式設計，好保留下層高度。

紅酒、音樂、遊戲區！
小窩也有好生活

機能型高台＋推拉式沙發床
活動與休憩清楚分隔

充分利用4米2挑高設計閱讀遊戲區，爸爸返台或婆婆來訪，就成為小朋友的睡鋪。

住宅類型 老屋
居住成員 夫妻＋小孩
室內坪數 8.5坪
室內高度 3米6、4米2
格　　局 玄關、客廳＋臥室、廚房、衛浴、閱讀區、挑高遊戲區、陽台
建　　材 鐵件、玻璃、木皮、木地板、黑板漆、乳膠漆、拓采岩

文字 黎美蓮
圖片提供 FUGE 馥閣設計

先生因為工作經常往來兩岸，平時只有太太與小孩同住，再加上孩子面臨就學學區的選擇，因此夫妻倆決定搬到較小卻較適合目前生活狀態的新家。由於空間屬於錯層格局，進門高度是3米6，下了兩階階梯到4米2空間，又必須再上兩階才能到陽台，規畫上十分棘手。

為了滿足完整家庭需求，規畫以推入式沙發床做為坐席，讓客廳與臥室複合使用。至於男屋主喜愛喝紅酒、重視視聽享受，需要有大酒櫃及大電視及音響設備則是一開始就提出，女屋主可能因為房子極小擔心要求太多，一開始並沒有說出內心想法。而在一次次溝通中，才表示不喜歡爬高，以及若友人來訪時，希望不是直接坐在沙發床上。

因此，設計師先安置好kingsize的沙發床後，再以具有收納機能的長廊平台解決動線困擾，放上座墊就成為客人座位，平台則與陽台同高，階梯放置在最後端，動線就變得自然流暢。

設計師並設身處地的思考女主人的生活日常：回到家，小朋友從洗澡換衣洗衣，甚至於寫功課，媽媽準備晚餐，活動空間都集中在平台上；等到事情都完成，就走下平台坐在沙發上好好放鬆。先生如果返台，沙發床上方的挑高空間，平時是小朋友的閱讀遊戲區，這時就成為睡眠區。這樣的規畫，讓8坪空間住上一家三口也自在有餘。

★全室預算　120萬（含家具）
★家具廠商　名邸家具／02-27113039

尺寸解析
沙發床決定空間佈局

由於屋主要求要有一張 kingsize 的床，設計師在確定長 210 × 寬 180cm 的尺寸需求後，再利用剩餘空間規畫導引生活動線的長廊平台。

平面圖解析

A　入口廊道利用一整排櫃體，將鞋區、電器區、紅酒區與衣櫃及書櫃，完全整合。

B　L 型長廊的一角，規畫為小朋友的書房。

C　廚房增設了零食深櫃，讓原本會受到浴室門片開闔無法使用的廚具恢復功能。

D　客、臥二用區設置推拉式沙發床，將長形空間以及後方高台充份運用。

E　以長廊平台化解動線困擾，只要增設坐墊，就成為客人來訪的座位。

F　窗台下方配置視聽設備。

G　通往挑高區，設置兩段式直梯設計安全又不占空間。

H　小朋友遊戲空間，局部透明樓板可以和媽媽互動。

Ⓐ 設備

大容量紅酒收藏櫃

男主人喜歡喝紅酒，設計師將紅酒櫃與深紫色冰箱並列，寬124×高160 ×深60cm的大酒櫃可以容納近50瓶紅酒。在白色主調的空間中，這個區塊的濃烈色彩成為吸睛焦點，再搭配客廳書房兩用的黑色壁燈與軌道燈，適時點綴呼應。

Ⓑ 櫃體

小書桌旁的牆面做滿收納

小空間的收納需要爭取寸土寸金，牆面除了規畫玄關鞋櫃，轉折後銜接衛電器櫃與紅酒櫃，再以衣櫃及書櫃收尾。書櫃鄰近小朋友書桌，刻意以開放式層板增添牆面變化，也化解密閉的無形壓力。

Ⓒ 櫃體

小廚房，天花板的隱藏升降櫃

走進玄關即是廚房，3米6的挑高空間上方，設置了兩個升降櫃，將各類雜物妥善隱藏；建商附贈的廚具原本貼牆，使用困難，因此設計師挪出寬30 × 深60 × 高230cm的側拉櫃，擺放零食小物，也讓料理時更順手。

Ⓓ 家具

推入式沙發床，不用折棉被！

看似平常的沙發床，只要將靠墊拿起，整個床組即可以推入平台後方的空間，再放上靠墊就變回舒適的坐椅，不必收起棉被，對每天都需操作的女主人來說，十分方便。

Ⓔ 地板

平台長櫃，地板下大儲物區

以長廊平台連區隔出不同的生活動線，地板有著上掀式收納櫃，客廳側邊也有層板櫃。

Ⓕ 設備

大空間＋大電視＝男主人的大享受

結束忙碌的對岸工作，經常當空中飛人的男主人，希望回到家可以喝個紅酒聽聽音樂，好好放鬆。設計師為他配置了大尺寸電視，音響設備都各歸其位，甚還有CD架，滿足生活中的小娛樂。

Ⓖ 階梯

兩段式階梯＝扶手＋安全護欄

因為坪數有限，爬上夾層如果還要設置斜梯太占空間，平時使用的又是小朋友，媽媽只有在婆婆來暫住時，會上樓與小朋友同睡。因此選擇兩段式的直梯設計，上段梯可作為上樓時的扶手，也做為防護邊欄的安全設施。

Ⓗ 空間

挑高區，是遊戲室也是小睡房

挑高區的平台是小朋友的閱讀遊戲空間，在這裡玩具書籍亂放，也不必擔心媽媽看見會挨罵。平時與媽媽同睡，爸爸回來時，這裡就成為寢區，中間裝上玻璃，讓年紀還小的孩子，必要時可以看見下方的父母，安心入睡。

家的伸展台，
空中廊道更衣室！

開放式浴缸＋狗狗旋轉門＋玻璃鐵件結構
生活處處蘊藏細節

運用高低差界定客、臥，以鐵件、玻璃與捲簾，讓整個空間可開放、可獨立，製造空間的層次，也達到納進更多的採光。

🏠 住宅類型	新成屋
居住成員	單身女子、1大狗
室內坪數	13坪
室內高度	前半部4米2、後半部2米7
格　　局	客廳、廚房、主臥、更衣室、衛浴
建　　材	鐵件、玻璃、磐多魔、白洞石、馬賽克磁磚

文字 魏雅娟
圖片提供 諾禾空間設計

面對僅有13坪，前半部挑高4米2、後半部卻只有2米7而產生高低差的先天格局缺陷，設計師跳脫挑高空間的夾層使用坪效迷思，在可以符合屋主生活機能的前提下，以強調空間感為主，完美地藉此高低差轉變為主臥室與客廳的分界線，並以落地玻璃拉門為隔間，放大空間同時也營造出空間的層次、納進更多的採光。

整個空間以俐落的線條、黑白的用色，並利用鐵件及玻璃打造的空中廊道，屋主相當注重穿著打扮與生活享受，最煩惱的就是衣服多、鞋子多，設計師巧妙將更衣室及鞋室暗藏於內，收納大量衣服與鞋子，當女主人在挑選穿搭時，有如在伸展台上走秀一般，住小宅，也能很時尚、很享受。

看起來現代前衛的小家，處處隱藏著細節設計。誰規定每個家一定要有餐桌、書桌，小宅尤其更要有所取捨，對於經常在外遍嚐各式美食、也不需要在家使用電腦的單身女主人而言，客廳的大茶几就能同時滿足偶而在家簡單吃、翻閱書報雜誌、及看電視等起居需求。因為家中養了一隻大狗，後陽台於是規畫旋轉門、磐多魔地材，讓狗狗好進出，地板耐受性也高。至於喜歡泡澡的她，設計師貼心的以如伸展台的超大更衣室、以及與房間合在一起的獨立浴缸、乾濕分離的淋浴間，確切對應屋主每一個需求。

★全室預算　200萬（含家具）
★家具廠商　灝斯家具 / 02-27361636
　　　　　　優的鋼石・創意地坪 / 02-26810189

┃尺寸解析┃
超大容量伸展台更衣室

由鐵件與玻璃打造的空中玻璃伸展台，暗藏一間超大容量的更衣室，利用鐵件及玻璃製造出高180cm、寬70cm的空中廊道，右側則長達600cm的衣櫃及450cm的鞋櫃。

┃平面圖解析┃

A 打掉原有牆面，以玻璃拉門搭配捲簾當隔間，開放空間也保留臥房隱私。

B 利用原有高低落差區隔客廳與主臥，設計一長平台放上座墊規畫為沙發區。

C 後陽台橫拉門變成旋轉門，方便大狗自由進出。

D 角落規畫一旋轉梯，不佔空間，是串聯上、下兩層的垂直動線。

E 打掉次臥的牆與門，將2房變1房，並把獨立浴缸與主臥合在一起。

F 利用挑高空間打造一空中玻璃廊道，並將更衣室與鞋室規畫暗藏於內。

BEFORE

AFTER

平面空間

挑高空間

Ⓐ 牆面

玻璃拉門＋捲簾＝隔間

打掉客、臥之間那面牆，取而代之的是6片式落
地玻璃拉門，讓隔間淡化、視覺穿透、光線灑
進，空間感也隨之變為兩倍大。捲簾的搭配可開
放空間，也可兼顧房間的隱私。

Ⓑ 空間

沙發區＋玻璃拉門＋旋轉梯，
一個長平台整合客廳

藉由原有高低差、玻璃拉門界定客廳與主臥，
因應75cm落差設計而成的黑色長平台，於高
25cm、深75cm、寬3米的平台處擺擺放座
墊，規畫成客廳沙發區；沙發旁不放座墊處以
25cm為一踏，走三踏即可進入主臥房。

Ⓒ 門片

後陽台旋轉門，大狗住小宅也自在

因應女主人有養一隻大狗，除以無縫細、不怕抓的磐多魔為地材外，並將後陽台原有的橫拉門改變成一片旋轉門，大狗只要輕輕一推，即可自由進出室內與後陽台，養成於後陽台大小便的好習慣。

Ⓓ 樓梯

薄型踏板 + 線型扶手，
低量體鐵件旋轉梯

由於空間不大，在邊角以鐵件量身訂製一輕巧的旋轉梯，符合上下樓梯人體工學與結構支撐的170cm直徑、17cm的踏板高度，以及薄薄只有1cm的踏板、細細的欄杆扶手，串聯上、下兩層空間，也讓視覺極為穿透、流動。

Ⓔ 設備

開放式浴缸 + 乾濕分離淋浴間

將浴室不僅僅當成是一間浴室，而是與房間合起來一起設想。打掉次臥的牆與門，將2房變1房，並將獨立浴缸擺在房間裡，降下3cm舖設馬賽克地磚，即使浴缸的水滿出來也不會流進房內。再搭配一間乾濕分離的淋浴間，讓喜歡泡澡的女主人，在家也能像住在飯店般隨時寵愛自己，盡情享受。

Ⓕ 櫃體

空中廊道隱藏更衣室 + 鞋室

女主人唯一的收納需求，就是要有極大的空間來擺放很多的衣物及鞋子，超大容量的更衣室，可放500件衣服、120雙鞋，且每件衣服與每雙鞋子都像精品般的陳列擺放，主人在挑選時，有如伸展台上走秀。

家具軟件手感學！
四口之家陽光滿室

找回陽台＋廚房西移
客餐廳對調，西晒缺點變優點

開放式的空間設計，在豐富的色彩與不同材質的搭配下，空間更顯寬敞與層次。

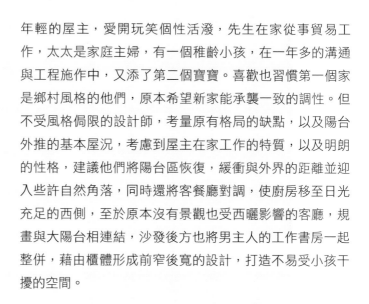

住宅類型	老屋
居住成員	2大2小
室內坪數	25坪
室內高度	2米86
格　局	客廳、餐廳、廚房、主臥、衛浴、次臥2、書房、前後陽台
建　材	文化石、鐵件、實木皮、舊莊園塗料、烤漆、山胡桃原木、韓國戶外植草磚、彩色木紋磚、木百葉

文字 黎美蓮

圖片提供 FUGE 馥閣設計

有了孩子，當父母的總是想著要把所有好的事物都給他，寬敞安全的生活空間、好學區的居住地段，就是這對屋主夫妻換屋的原因。

年輕的屋主，愛開玩笑個性活潑，先生在家從事貿易工作，太太是家庭主婦，有一個稚齡小孩，在一年多的溝通與工程施作中，又添了第二個寶寶。喜歡也習慣第一個家是鄉村風格的他們，原本希望新家能承襲一致的調性。但不受風格侷限的設計師，考量原有格局的缺點，以及陽台外推的基本屋況，考慮到屋主在家工作的特質，以及明朗的性格，建議他們將陽台區恢復，緩衝與外界的距離並迎入些許自然角落，同時還將客餐廳對調，使廚房移至日光充足的西側，至於原本沒有景觀也受西曬影響的客廳，規畫與大陽台相連結，沙發後方也將男主人的工作書房一起整併，藉由櫃體形成前窄後寬的設計，打造不易受小孩干擾的空間。

設計師更提出以色彩與一手打點的家具軟裝，來滿足屋主對風格的期待。活潑明亮的黃藍綠，以對角交叉的方式互相呼應，並藉由不同材質顯現層次感，白色與木色則是平衡的力量，色彩雖豐富卻不顯雜亂。而充滿童趣且溫暖的可愛家飾與手工質樸的木餐桌及家具，讓空間洋溢美好的生活感。

★**全室預算** 230萬（含家具）

★**家具廠商** W2家具 / 02-27373350
　　　　　　兩個八月 / 02-27611128

| 尺寸解析 |

無玄關空間，鞋櫃與廚具整合

在客餐廳對調後，設計師配合冰箱與流理檯尺寸，打造寬40 × 深60 × 高230cm的鞋櫃，沒有實際玄關卻有實質意涵，增加收納，也讓料理檯面拉齊變得俐落而平整。

| 平面圖解析 |

A 原為廚房，將隔牆拆除後調整格局，如今做為客廳。進門處，左側大門牆面以造型鐵件，設計吊掛區。

B 電視牆完美隱藏線路，並以實用的自然材讓視聽設備統整合一。

C 將書房櫃體做深度的漸次變化，對應工作桌的寬窄設計。

D 原客廳改為完整的餐廚空間，以中島為介，分隔料理區與電器儲物櫃。

E 中島桌以手感大餐桌再延伸。

F 在衣櫃前方設有軌道式電視牆，一櫃二用。

G 將原有兩間小衛浴打通成為一間大衛浴。

BEFORE

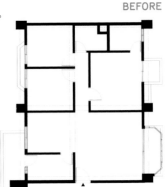

AFTER

Ⓐ 牆面

落地造型鐵件，整合小玄關機能

雖然沒有餘裕空間設置玄關，但設計師
除了在右側設置鞋櫃做出意象區隔，與
收納機能，另在左側也以H型的落地鐵
件，將對講機、電燈開關整併在同一區
域，並貼心增設掛勾，當作出入時的鑰
匙掛置處，眾多機能一目瞭然，也使白
淨的文化石多出對比的牆面色彩。

韓國植草磚＋山胡桃原木＝自然派視聽櫃

以自然素材讓空間充滿生活感，在材質的挑選上，更以考量幼兒安全為主。設計師以表面平滑的韓國戶外植草磚加上山胡桃原木打造設備櫃，不但可以隨心所欲挪移擺放，也不必擔心粗糙磚塊成為好動小孩的潛在危險。此外，電視下方也以文化石牆一體的隱藏設計，將線路收得乾淨。

C 櫃體

開放式書櫃＋隱藏式事務機櫃、玩具櫃

開放串聯的設計，讓小坪數的家同時擁有大客廳大餐廚，還有可獨立使用的書房。男主人的書桌放置在書房最內側，收納量足的展示書櫃，藍色櫃體上方隱藏了大型事務機，下方是小朋友可以自己收拾的玩具箱，各適其所的收納，正是讓空間寬敞的訣竅。在家工作的同時，也能兼顧看顧家庭。

D 櫃體

廚具櫃＋電器櫃、儲物櫃

以中島餐廚區為界，兩側寬逾80cm的走道，迴旋空間完全無礙。一側是從鞋櫃延伸而入的一字型料理區，另一側則是一排百葉櫃，裡頭隱藏了蒸爐、咖啡機等電器，連接大小深淺不同的收納空間，可以收藏小物，也能放旅行箱。也運用這一大面牆體，讓無玄關的家，以廊道轉角做為衣帽櫃，等於有獨立儲藏室功能。

E 廚具

中島銜接餐桌，
擴充一字型廚具

寬敞的公領域串聯客餐廳，設計師以餐桌銜接中島，更擴增料理工作區，成為家人情感交流的所在。餐廚區的陽台恢復後，不但有陽光佐餐，更能利用原來西晒的缺點，成為最好的晒衣空間。

Ⓕ 機能

橫移式電視牆，彈性移位不佔空間

主臥以可左右滑動的電視牆，設置在衣櫃前方，完全不佔據空間，留出更寬裕的床尾走道；軌道在前，後方天花則隱藏管線，不會妨礙衣櫃開啟。一旁的小陽台以可收式穿衣鏡隔出獨立的小閱讀區，甚至可以放置嬰兒床。

Ⓖ 空間

兩小衛變有採光的泡澡浴室

原相鄰的兩個衛浴都極小，主臥衛浴的採光無法分享給客衛。因此設計師在不動管線的改動下，將兩間衛浴打通成一間，不但採光變好，使用空間也變大，能夠置入泡澡浴缸，更以彩色木紋磚裝飾，讓浴室也成為吸睛焦點。

19
單層
26坪
2人

北歐+LOFT隨興小住宅

26坪再進化！
三五好友的午茶潮趴

工業風客廳+花漾餐廚空間
家的中心就是餐桌

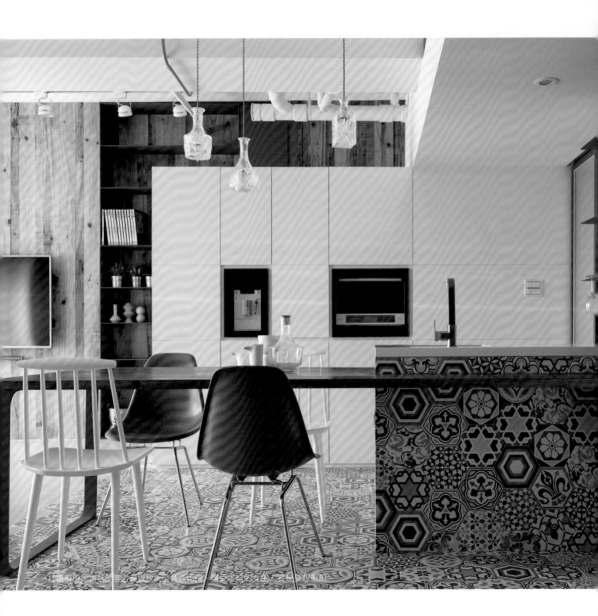

住宅類型	新成屋
居住成員	2人
室內坪數	26坪
室內高度	最高2米95，最低2米2
格　局	玄關、客廳、餐廳、廚房、主臥、客房、2衛浴
建　材	磐多魔、杉木板、霧面噴漆、六角磁磚、水泥粉光、鋼琴烤漆、鐵件烤漆

文字 Fran Cheng
圖片提供 KC design studio
均漢設計

原本男主人偏好個性的工業風，但身為模特兒的美麗女主人則喜歡咖啡館的文青氛圍，為了將兩種不盡相同的風格品味融入新居，設計師選擇以工業風作為硬體裝修主體，構築出低調、無色彩的空間背景，再以女主人挑選的藍綠色調點亮設計細節，並藉由清新色彩為主軸，從管線、家飾、家具、花磚等處著眼，交織出專屬於兩人的粗獷與細膩生活美學。

除了風格上的揉合，擅長烘焙、喜歡下廚的女主人和生性好客的男主人，經常在家中邀宴好友聚會，為此，設計師特別將公共空間的比例調整至最大，透過拆牆及打通廚房等格局變更的方式，營造出小倆口最愛的吧檯餐桌與半開放廚房，並與玄關及客廳作一橫一縱的十字連結，讓餐桌成為家的中心點，更能滿足屋主對居家生活的期待。

轉進客廳，可以望見充滿自然能量的大木牆，搭配細緻鐵件鑲嵌而設的櫃體不僅自成風格，也界定出木牆後端的私密生活區。考量現實與未來需求，將私密區規畫出主臥及客房，特別的是二房之間搭配著更衣間格局闢有彈性通道，在客人留宿時，客房可獨立使用，但平時則可做為書房使用，而日後還可轉作嬰兒房，周全思慮也讓房子的未來適應性更完美。

★全室預算　請洽 KC design studio 均漢設計

鐵櫃為木牆注入靈魂

界定公領域與私密區的寬幅杉木牆，除了是客廳電視牆，兩間房間的門片也被整合在木牆內，而粗獷木牆除了使空間暈染出自然能量與素樸氣息外，其中寬180×高290cm、深約30cm的鐵件櫃則可擺飾主人的生活內容，展現出空間靈魂。

| 平面圖解析 |

A 不修邊幅地露出大樑與管線，讓公領域屋高拉升。

B 沙發家具採附輪式設計便於移動，增加空間使用的自由度。

C+D 天花不封板與裸色建材設計，為長廊式玄關塑造挑高及工業風特色。

E 餐區電器櫃提升空間機能，也補足收納空間。

F 將臥室門片改向並且整合至電視牆內。

G+H 半開放廚房結合中島餐桌，以六角花磚的鋪飾界定料理空間。

I 運用電器櫃區隔出客浴與客房的動線，打造牆面收納與裝飾。

J 主臥室與客房/書房之間連結通道，中介空間為更衣室。

BEFORE

AFTER

主臥5坪
Master room

standard 150*185

Guest room

客房2坪

SONY 55"LED KDL-55HX850
1274*750*35mm

客廳9坪

Living room

Dining room

Kitchen

廚房1.6坪

餐廳3.2坪

Ⓐ 天花板

裸露管線，天地壁成為畫紙

先將硬體空間依著工業風的設計手法，以裸妝、無修飾的原則，維持著高低不一屋高，以及水泥原色、白底漆與木質原味的原始狀態；再運用藍綠色的管線、軌道燈光或作整齊排列，或隨牆面、大樑起伏呈現律動感，在空間中如作畫般地拉出線條，形成率性的空間質感，並讓裸露管線如裝置藝術般存在於生活中。

Ⓑ 家具

可活動、換臉的沙發與茶几

工業風的木家具與女主人指定配色的繽紛座靠墊，充分展現男女主人的性格特質，墊布可隨屋主心情或季節換配色調，加上沙發與茶几均設有輪子，讓屋主在家開派對時可隨時變換隊形，符合各種型態的聚會。具文青風的掛畫也是女主人親自操刀選配，搭配慵懶光線更具紓壓與暖化空間的效果。

Ⓒ 天花板

裸樑對比出挑高感

玄關天花板未做封板，直接將大樑裸露，為入口處創造壓低感受，搭配吧檯餐桌如建築透視的端景。

Ⓓ 牆面

鏡面轉接粉光泥牆，化解玄關狹隘

玄關屬長廊式格局，收納櫃體規畫於右牆，並以地板與牆面的落差區分出落塵區。左牆則直接以粉光水泥面搭配玄關鏡面做材質銜接轉換。

Ⓔ 牆面

一前一後的牆櫃層次

向右延展的杉木板電視主牆以及鐵件層板櫃，放大了公共區的面寬與格局，木牆與餐廚區的白色電器櫃前後映襯，更凸顯空間層次。白色電器櫃寬180cm、高220cm，可銜接右側大樑，又略低於後端高達290cm的木牆讓視覺延伸，不著痕跡地透露出背景的精采。

Ⓕ 門片

門片隱身電視牆，維持視覺一體感

主臥室將原本在屋中間位置的門片移至窗邊，讓電視主牆與鐵件櫃更具完整性，門片也得以隱身在電視牆內。此外將落地窗的窗簾盒調整向下，藉由窗型長寬比例變化，橫向放大空間。

Ⓖ 空間

微調格局以開放餐廚區

把原本的客浴略略縮小並轉向藏至電器櫃背後,接著把廚房牆面打開,讓原來的小廚房形成半開放格局,與外部的中島餐桌串聯結合,既可滿足屋主的聚餐待客需求,也彌補原廚房過小的問題。

Ⓗ 材質

六角花磚蔓延地與壁,創造立體感

餐廚區以黑白六角花磚做立體鋪陳,一路延伸至地板、吧檯與側牆做貼飾,鮮明地定義出餐飲區範圍。另於吧檯側牆上則以鐵件層板輕盈地嵌入花磚牆面內,又增加收納及展示用途。

Ⓘ 牆面

櫃體面增加展示架，過道變藝廊

客房與衛浴之間由電器櫃創造出動線，讓衛浴間更顯隱密，同時在木牆上利用內嵌的設計手法，借用主臥室更衣間的局部空間，在牆外規畫有鐵件層板櫃來擺設飾品、兼作收納使用；另一側則是電器櫃後的牆面，設計師將牆面巧思設計為雜誌架，增加過道空間的利用。

Ⓙ 空間

臥室雙拉門動線，連結彈性空間

私領域由主臥、更衣間、客房兼書房三個單位組合而成，透過門向變更，以及更衣間取代隔間牆的設計，為主人爭取到「走入式更衣間」的升等格局。此外，利用雙拉門設計為兩房之間增設彈性動線，讓客房平日可做為主臥書房用，需要時也可成為獨立出入的客房。

樓梯換位思考，
動線順了家就寬了

客廳＋書房＋餐廚區三合一
切換用途超方便

層宅易受高度限制，只要樓梯位置適切，上下層空間都能站立行走。

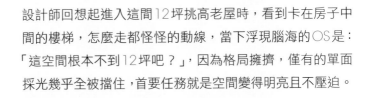

住宅類型 老屋
居住成員 夫妻+1小孩
室內坪數 12坪
室內高度 4米2
格　　局 客廳、餐廳、廚房、書房、主臥房、小孩房、儲藏室
建　　材 文化石、水泥磚、鐵件、清玻、灰鏡、超耐磨地板、
　　　　 栓木、人造石、烤漆

文字 劉繼珩

圖片提供 蟲點子創意設計

設計師回想起進入這間12坪挑高老屋時，看到卡在房子中間的樓梯，怎麼走都怪怪的動線，當下浮現腦海的OS是：「這空間根本不到12坪吧？」，因為格局擁擠，僅有的單面採光幾乎全被擋住，首要任務就是空間變得明亮且不壓迫。

當設計師詢問年輕屋主夫妻對新家的期望時，重視機能性並計畫生小孩的兩人說：「一定要有主臥、小孩房，還要有一間更衣室！」於是設計師決定先改變阻礙動線的樓梯位置，再打掉樓下的一間房，使下層空間完全開敞，同時引進自然採光，並重新配置房間，使2間臥房集中在上層。

再來要思考的則是收納，兩個大人現有的物品，再加上未來小孩的雜物，數量絕對不可能太少，所以除了在原本的樓梯處規畫一間儲藏室供使用，其他的收納設計都秉持著往高處發展的原則，盡可能藉由層板往上堆疊放置，善加利用空間的挑高優勢，發揮最大的儲物效能。

過程中，屋主也曾經對上層設計採用透明玻璃的隱密性及安全性提出疑問，設計師耐心地說明：「想要加大小空間的視覺感，『通透』是非常重要的元素，只要選擇厚度夠厚的強化玻璃，再搭配具有遮蔽功能的窗簾，在日常使用上不但不會是問題，還能為小住宅加分！」

★全室預算　200萬（不含家具）
★家具櫃商　永亮企業 羅家駿（系統櫥櫃）/ 0926-600950
　　　　　　叁人傢俬 / 02-23661062

| 尺寸解析 |

樓梯踏階與扶手的安全規格

串聯上下的樓梯在空間視覺上佔了很大比例，要好看更不能危險，因此選用比一般更厚的10mm強化玻璃做為扶手材質，輕巧又安全，踏階高度也考慮到日後小朋友會使用而不做太高，以22～23cm一踏為主。

| 平面圖解析 |

A 樓梯原本位置卡在屋子中間，干擾了各區塊的配置，靠牆移位後減少了空間浪費。

B 利用臥室下方規畫了儲藏室，讓小空間也能收納大型雜物。

C 公共空間以客廳為中心，同時將餐廚區、書房全部整合在一起便於使用。

D 以沙發、書桌分隔出書房空間。

E 廚房與餐廳利用中島餐桌分割，規畫出一字型廚房。

F 更衣室，是利用長型主臥樑下空間進行規畫。隔壁的小孩房雖然無窗，但拉門打開就能引入對窗採光。

BEFORE

AFTER

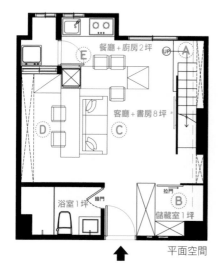

餐廳＋廚房2坪　E　　UP　A

客廳＋書房8坪　C

D

浴室1坪　拉門

儲藏室1坪　B

平面空間

主臥4坪　F

兒童房2坪　拉門　DN

挑高空間

Ⓐ 階梯

鐵件 + 木踏階,隱現於電視牆後方

設計師將樓梯靠牆並與電視牆結合,不干擾動線。木質的薄型電視牆厚度30cm,下方採內嵌設計,收納管線同時也可收納相關設備,樓梯下方則規畫成另一個獨立空間,可展示置物,也可做為日後小朋友的遊戲角落。

Ⓑ 櫃體

與玄關櫃整併,小住宅裡的大儲藏室

利用玄關櫃後方的1坪小空間,規畫出收納行李箱、吸塵器等大型物品的儲藏室。統一的松木色,加上玄關櫃與廚藏室整併合一、以及隱藏式門片,一路齊整地延伸至電視牆。

ⓒ 空間

客廳＋書房＋料理區，
公共大空間用途三合一

為了讓小空間看起來開闊，設計師盡量
將一樓的公共空間呈現全開放狀態，於
是將客廳、書房和餐廚區合併，先計算
出吧檯的人造石檯面尺寸，以中島餐桌
做空間定位，再利用餐桌與書桌規畫出
L型獨立區塊，做為客廳沙發安置區，
總挑高區為420cm，下層空間高度為
200cm。

Ⓓ 材質

梧桐木紋＋淺色家具＋跳色主牆，讓書房有層次

深色容易造成空間的壓迫感，因此體積大的家具以淺色為主，設計師挑選了梧桐實木貼皮書桌（書桌長度200cm）與大地色系沙發（長度180cm）在長度上彼此搭配，並盡量減少量體的存在感，再特意以一面藍色主牆帶出空間焦點，色調柔和舒適卻不平淡。

Ⓔ 廚具

功能、收納齊全的小餐廚區

結合餐廳功能的小廚房，利用主臥下方的轉角小區塊做為料理區，大型的人造石吧檯
（桌長180×寬60cm）除了做為餐桌使用，下方也是電器收納櫃，此外，吧檯桌面具有
實用的兩段式設計，可依人數多寡收折、延長。

Ⓕ 空間

樑下空間＋系統櫃變出更衣室

12坪的小宅還能擁有像國外影集中的walk-in closet？是真的！設計師利用樑下的畸零
地加上拉簾打造出獨立更衣室，裡面則藉由能客製化的系統櫃組合出最符合空間的衣櫃
尺寸，一圓女主人的夢想。

21

挑高
10坪
1人

北歐＋LOFT隨興小住宅

複層小宅，
家的繞行趣味

拆隔間＋重建龍骨梯＋獨立書空間
還原採光與自然視野

透過減法設計，讓10坪複層小宅還原自由度，再以輕放隨興的工業風材質為媒介，賦予生活多點率性與自然。

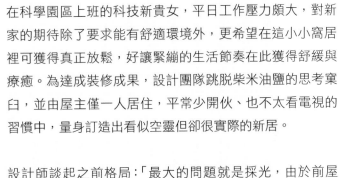

住宅類型 複層格局
居住成員 單身女子
室內坪數 10坪
室內高度 3米、4米2(上層1米9、中層2米)
格　　局 客廳、廚房、書房、臥室、1衛浴
建　　材 鋼石、EGGER木地板、低甲醛系統櫃、乳膠漆

文字 Fran Cheng
圖片提供 寓子空間設計

在科學園區上班的科技新貴女，平日工作壓力頗大，對新家的期待除了要求能有舒適環境外，更希望在這小小窩居裡可獲得真正放鬆，好讓緊繃的生活節奏在此獲得舒緩與療癒。為達成裝修成果，設計團隊跳脫柴米油鹽的思考窠臼，並由屋主僅一人居住，平常少開伙、也不太看電視的習慣中，量身訂造出看似空靈但卻很實際的新居。

設計師談起之前格局:「最大的問題就是採光，由於前屋主在屋內架滿夾層來爭取更多使用坪數，但也導致光線受阻、又顯侷促，完全不符合屋主期待的開闊、明亮居家感，所以完全捨棄舊格局。」新格局首重視覺開闊，將原本位於入門區的樓梯往後移至窗邊，並改用龍骨梯的輕盈設計，屋高3米的起居、餐廚區採開放格局，以免採光面被遮擋，讓空間好感度瞬間上升。而考量空間坪效，將4.2米屋高的區域，做上層臥房、下層開放書房設計，上下屋高各約1.9米，使用上不會有壓迫感。

此外，斟酌主人本身是位相當有個性的女性，也不排斥工業風設計，所以在材質挑選上適度加入LOFT元素，利用狀似粉光水泥的鋼石材質鋪設地板與牆面，搭配舊化木的系統板設計的廚房，以及自然感的OSB板書房牆面，冷暖互陳的色調，讓這明亮居家展現自己獨有的生活態度。

★全室預算　70萬(不含家具)
★家具廠商　豐庭傢旅 / 02-27545577
★地板廠商　優的鋼石‧創意地坪 / 02-26810189

複層高度大視野

放棄更多使用坪數的設計思考,僅在4.2米高的半區上層規畫臥房,而下層採開放書房設計,串聯右側3米高的餐廚與起居區,讓10坪住宅展現大空間感,而夾層上下各1.9米高度也不顯壓迫。

┃平面圖解析┃

A 起居區為開放式格局,與書房的錯層創造出高台的效果。

B 書房做開放格局,橫向連結起居區與餐區而放大整體空間感。

C 開放式餐廚空間,因位於入門第一視線位置,選用工業風面材來展現風格。

D 原本僅一字型廚房,延伸串聯出工作吧檯,也可作為餐桌。

E 原為夾層樓梯,改做為入口的玄關收納,玄關櫃後端與衛浴空間之間騰出一區畸零角落,用來擺放量體大的冰箱。

F 主臥空間。

平面空間　　　　　　　　　　　　　　　　挑高空間

Ⓐ 材質

鋼石牆地，取代水泥粉光的泥作缺點

鋼石地板除了效果有如水泥粉光，也有多種色調，加上不用敲掉原有地板可直接鋪刷、無縫的延展性與僅有0.6cm的厚度，相當適合小空間運用。但因鋼石叫貨須有一定量的限制，因此設計師決定將牆面與地板均採用鋼石鋪設，呈現如水泥粉光的原色工業風空間，但卻不會有日後掉粉的泥作缺點。

Ⓑ 空間

6+3設計原則，留出自由空間

OBS板提供溫暖空間質感，加上敞朗、開闊的格局，刻意不擺滿家具與櫃體的設計，完全符合屋主對於家的休閒、放空期待，同時也是設計師提倡的6分裝修、2分家具布置，再保留1分給主人自由發揮的「6+3設計原則」。

Ⓒ 材質

黑鐵架、木層板取代吊櫃收納

採用仿舊化木的系統板搭配金屬檯面，呈現俐落卻又自然的質感，移除原牆面吊櫃，保留清爽的泥色鋼石牆面，搭配黑鐵架、木質層板的置物櫃，凸顯工業風。

Ⓓ 廚具

加長檯面升級為雙軸L餐廚區

將原一字型廚檯加長為L型吧檯廚房，加長檯面為190 × 160cm，不僅可提供簡單餐檯功能，設備也由單爐升級為雙爐瓦斯爐，搭配雙層烘碗機與大水槽，簡單卻能滿足生活機能。

Ⓔ + Ⓕ 櫃體

下方高櫃延伸，抬高成為上層床頭櫃

將原本矗立於大門左側的樓梯移開後，變更設計了一座高櫃，適時地提供出入玄關的置物與鞋帽收納需求；並且巧妙地運用上下層空間的互補設計，讓下層的櫃體高於上層的樓地板，順勢成為上層房間的床頭高度，不浪費一絲空間。高度約190cm的上層臥房對於女性屋主不至於太低，至於收納計畫，利用大樑下方設計床頭櫃與固定式衣櫃，寬達200cm的側櫃則以不同櫃深化解大樑的畸零感。

工業混北歐！
飛行夫婦的主題家

機翼造型餐桌＋美國隊長藍
每個角落都是熱愛

運用客餐廳中間的柱體，以白色文化石和棕色壁櫃界定不同機能的活動場域。

🏠
住宅類型	新成屋
居住成員	2人
室內坪數	17坪
室內高度	2米8
格　　局	2房2廳1衛
建　　材	柚木美耐板、松木夾板、金屬洞洞板(Peg Board)、
	黑板漆、白色文化石、黑鐵烤漆

文字 邱建文
圖片提供 好室設計

17坪的小住宅，對於2人世界而言算是舒適的尺度，在現有格局不做變動之下，設計師最大的任務，其實是統整喜愛工業風的先生，以及期望北歐風太太的需求，讓住家的翻新重整，彼此都能滿意。

由於夫妻2人皆從事飛行維修工作，設計師於是在材質物件的規畫上，特別凸顯主人的職業色彩。從一進門鐵管層架，廚房空間、浴室拉門的不鏽鋼毛絲面的洞洞板……都有著強列的金屬工業氣質。但同時，卻又在客廳的文化石牆面，俐落簡潔的沙發、背牆，以及主臥溫潤木家具，偷渡了北歐的簡單氣質。也因此，設計師形容這一戶人家：「是工業混北歐。」

在這個空間裡，風格與實際機能其實是可以充份融合的，像是介於客廳、陽台間的紅色鐵管平台架，除了做為客廳的視覺焦點，同時也具有展示置物以及屏風的功能，而浴室的牆門經過大改造後，不僅充滿金屬陽剛味，門片本身也兼具儲物和展示的功能。浴室對面為黑板牆，走道終端則是以屋主喜愛的美國隊長藍色牆，搭配玄關小夜燈。

設計師陳鴻文提到，關於小住宅的各空間尺度分配，若是坪數許可，客廳、臥室、餐廚空間保留在4坪左右，是最符合人們的身心舒適度，因此，在主要空間的配置坪數，便以這四四法則進行。

★**全室預算**　120萬(含家具)
★**家具廠商**　純真年代 / 02-26961208

利用25cm退縮深度，
浴門也是收納櫃

原本位於走道的浴室入口處內縮25cm，因此利用深度落差，設計滑軌式的金屬門板，並其中一扇門打造成可移動式收納櫃體，對內可收放盥洗備品。當需要使用衛浴時，即可視淋浴或如廁不同方位的需求，就近拉上附有收納機能的活動櫃體，以隨手方便取物。

｜平面圖解析｜

A 陽台與客廳間規畫平台架，創造角落的工業性格。

B 客廳敲除原有的拋光石英磚，改鋪棕色的塑膠木紋地磚，營造自然原味的工業風。以白色文化石打造客廳主牆，以紅色鐵管做跳色呼應，裝置展示層板錯落其中。

C 餐廚場域，於壁面打造大尺度的櫃體，並順勢延伸餐桌，有若中島吧檯。

D 的衛浴門板一體兩用，結合收納機能，讓廊道的表情變得豐富有趣。

E 主臥以層板加高床架，可增加儲物空間。臨窗的書櫃則結合寫字檯，設計活動式的矮櫃，拉出即可充當椅子。

Ⓐ 櫃體

金屬管陳列架，收納式轉角屏風

深度 30cm 懸吊式鞋櫃，由於屋主習慣入門會將鑰匙隨手一丟，因此櫃體中間設計小平台置放。面向客廳的陽台轉角以工業風金屬管組構為陳列架，木質平台是以卡榫設計，進出陽台時可輕易取下移開。

Ⓑ 牆體

文化石牆內嵌 MUJI 電子鐘

客廳主牆以白色文化石結合紅色金屬管；而其中最巧妙之處，即在牆體內嵌 MUJI 電子鐘，其尺寸正好符合一塊文化石的體積，並以魔鬼氈貼附固定，可隨時取下更換電池。

Ⓒ 空間

壁櫃＋機翼造型餐桌，主題感十足

開放式的餐廚空間，以柚木的咖啡色調鋪陳天、地、牆，使收於樑柱之間的大型櫃體不著痕跡的形成平整牆面，中段藉金屬洞洞板吊掛烹飪用具和杯盤；而插上的金屬圓棒也可隨時調整，並放上活動層板擺放餐盤。而底層檯面延伸出金屬製餐桌，有若機翼造型，散發輕盈的吧台氣息。

Ⓓ 門片

金屬浴室拉門內外皆可收納

浴室運用兩扇推拉的金屬櫃體打造出門板，展現銀色航空機門的意象。其中一扇結合收納機能，運用飛機油量顯示表的概念，於外層金屬嵌入透明玻璃，讓人從外部就可清楚看到後方收放的毛巾等用品是否需要補給；而另一扇活動門，則以金屬洞洞板隨興插上圓棒，供屋主吊掛收藏小物，讓廊道隨時變換表情。

Ⓔ 家具

床架收納櫃＋座椅式書架

主臥室用家具概念擺設。床後方做了一個鳥瞰式的大圖輸出，訂作的床架下有收納區。以松木夾板隔出置物空間，可儲放各種鞋盒和箱盒，供隨手取用。位於窗邊的雙層書櫃，下層為活動式設計，可向外移動變身為椅，而固定不動的矮櫃即自然形成書桌檯面。

小家整併學！
9坪也能面面俱到

三用吧檯＋鏡面放大＋走入式更衣間
實現完整生活尺寸

僅9.7坪的居家，以多功能吧檯整併居家設計，放大空間，甚至還有走入式儲藏更衣間，完整機能超越小坪數住宅。

住宅類型	中古屋微型住宅
居住成員	單身女子1人
室內坪數	9坪（含陽台）
室內高度	最高3米，樑下2米41
格　　局	1房、1衛、1陽台
建　　材	金屬、磁磚、木作櫥櫃、乳膠漆

文字 Fran Cheng
圖片提供 謐空間研究室

30歲女子，對人生已有自我主張，對生活品質也不願輕易遷就，即使受限都會區房價居高的嚴苛環境，只能坐擁9坪大小的侷促繭居，仍希望該有的完整機能都可以獲得最大滿足，不甘回家只能面對一張床、一方小小螢幕的單調生活。分析這30年的中古屋，屋內唯一採光面來自於後棟建築的天井，加上原陽台有外窗阻擋，致使室內陰暗。因此，設計師先撤除陽台外成排窗戶，再將臨陽台的推拉窗改用折疊窗，藉由屋高300cm的優勢創造出長窗印象，搭配灰白色調來克服採光問題，也拉近與陽台的距離，為室內爭取明快自然的好體質。

為緩減小空間侷促感，採用開放公領域與私領域垂直利用的設計手法，在水平能擁有敞朗視野，而垂直向也做最有效的機能運用。如此一來，即使含括陽台僅有9坪，也能順利配置出起居空間、餐廳、廚房、臥室，甚至還能有一間1坪多的可走入式更衣儲藏室。神奇的設計不僅與一般標準房相差無幾，略帶輕工業風的廚房也讓喜愛烘焙、做菜的屋主相當滿意，充滿綠意的廚房餐飲空間，更能開心邀朋友到家中作客。

在沒有實體隔間的小套房中，色彩搭配成為重要的分區依據，主要以黑白灰搭配，公領域使用淺色增加明亮感，彌補採光不足，而深色做為私空間，增加隱私性；在地面又以磁磚及木地板區隔，入口玄關及廚房的磁磚區較易清潔，也讓空間更具層次感。

★全室預算　90萬元（含家具）
★家具廠商　東陽企業社鐵工訂製／02-26956380

善用屋高的尺寸魔法

在平衡空間感與機能需求的考量下，利用300cm屋高的優勢，在入門左側規畫有上層臥室與下層walk-in closet儲藏室，其中儲藏室高165cm，至於上層臥室也超過120cm，較一般上下鋪還高，對個子嬌小的屋主絲毫無壓力感。

|平面圖解析|

A 撤除陽台原有的固定窗，讓室內採光獲得極大改善，並增加陽台綠化設計。

B 捨棄阻絕性的隔間設計，利用可作為餐桌、工作桌與料理台使用的長桌來界定廚房與起居區。

C 以灰鏡造型取代衛浴門片，化解風水忌諱，強化設計造型感，也讓視覺有延伸效果。

D 以金屬梯連結夾層臥室，而梯下也不浪費空間，設計實用的收納櫃。

E 利用挑高300cm的屋高優勢，上層設計為暗色系睡眠空間。

F 規畫為walk-in closet，並在外牆改以鏡面材質，讓入口與餐廚區成功放寬空間感。

G 衛浴小空間，利用地板高低差做隱形乾濕分離設計，並刻意挑選小尺寸設備做因應。

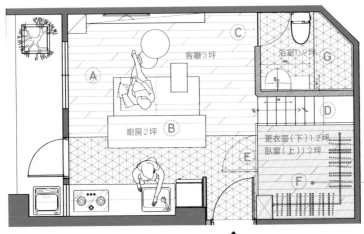

客廳3坪

浴室0.2坪 G

A

廚房2坪 B

D

更衣室(下)1.2坪
臥室(上)1.2坪

E

F ← 床鋪架高於更衣室上方

Ⓐ 家具

摺疊長窗 + 鐵製吊架

一開始屋主最介意的室內陰暗問題，經拆除原來天井陽台的外窗後就已獲得極大改善，加上室內鋁窗改為摺疊長窗，搭配陽台綠化則更增加自然好感。另一方面，餐廚吧檯上方訂製鐵架增加收納機能，可堆疊置物或吊掛使用，尤其鐵架深度以紅酒瓶身的尺寸為依據，方便收藏酒類，滿足屋主品酒嗜好。至於電視牆採用低檯度的工業風設計，展現隨性與休閒氛圍。

Ⓑ 家具

三用吧檯桌 + 一字型廚房

對於熱愛烘焙、料理的屋主，一字型廚房的工作區實在是太小、不夠用，為了因應生活需求，在廚房與起居區之間增設一座訂製長形中島，這座吧檯既可作為烘焙、料理時的輔助檯面，也可因應不同需求來用餐、喝咖啡、作為電腦工作桌，提供小空間發揮到最大使用效益。

Ⓒ 門片

隱藏衛浴門增加設計感

小坪數為放大空間勢必將隔間簡化，也導致衛浴門片正對著沙發及餐廚區，在視覺與風水上都有些尷尬。因此，改以灰鏡造型門來取代衛浴門，視覺上有如穿衣鏡或鏡櫃般，同時在色調上與灰牆一致，使居家畫面不凌亂、更顯整體性與放大感。

Ⓓ 櫃體

樓梯下方空間無痕利用

更衣室旁設計有一處連結二樓臥室的金屬梯，為了增加空間的利用率，在樓梯下方依照階梯造形設計有不同高度的大小抽屜與櫃體，所有櫃體的置物方向均由更衣室取放，面寬超過200cm、深達55cm的櫥櫃容量相當足夠，可說是不落痕跡的利用空間。

Ⓔ 空間

深色低樑轉化臥室遮屏

儲藏更衣間上層規畫為獨立臥室，經過尺寸精算後將床鋪內嵌於儲藏間天花結構中，上方空間高度還有120cm左右，相較於一般上下鋪的上鋪還略高一些，避免壓迫感。同時利用床邊約60cm的天花大樑來作適度遮掩，增加私密空間的隱私性，也將公私領域分開、改善小空間一覽無遺的缺點。

Ⓕ 空間

儲藏室滿足大收納、也放大空間

由於屋主個子嬌小，因此儲藏室內部高度165cm，在使用上不會有壓力感；而寬194cm與深204cm的面積，收納量充足、完全滿足女性衣物雜物較多的困擾，成為不到10坪套房的設計大驚喜。另外，更衣室外牆選擇鏡面材質，也成功放大空間感。

Ⓖ 設備

一坪浴室小尺寸輕量檯面

考量浴室格局不大，特別量身設計寬103.5×深30.7cm的窄版檯面做底座，搭配深42.8cm的半嵌式面盆，減少面盆區的量體，在使用時毫無侷促感，而且整個檯面區也顯得輕盈許多。

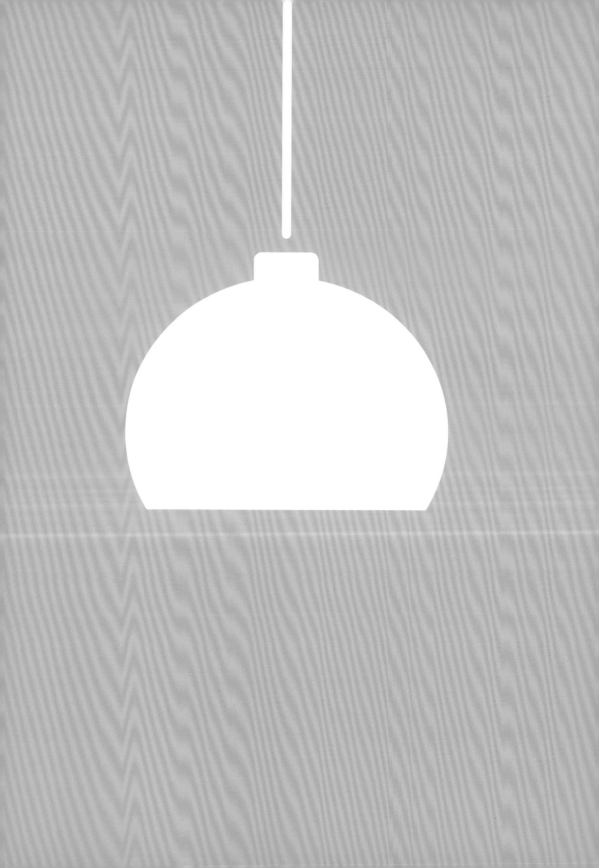

3

偷學！小宅速配家具選用

餐桌・餐椅
沙發
櫃體
床組

餐桌·餐椅
折疊、延伸、升降，一物多用桌椅

省空間是小住宅家具的重要挑選思維，尤其桌椅數量一多極易對小空間形成大負擔，可是不同用途的桌椅在尺寸設計上也會有所差異，因此，可調高度與寬度的二用桌、多用途椅櫃、可收納壁掛家具等等，全都成為熱門單品。

1

D table 可調餐桌／工作桌

品牌 Karimoku60
材質 橡膠木、山毛櫸（另有白色桌面）
尺寸 寬100×深80×高62/66cm

可調高度的兩用桌，當桌面調至62cm高時可當茶桌；工作時則只需將桌下的木條取下固定在桌板兩側下方，就可調高桌面至66cm，閱寫時不用遷就彎腰更舒適，且桌面大小也足可讓四人用餐。

Kitono 餐桌／工作桌＋Kitono 單椅 **2**

品牌 Kitono
材質 山毛櫸、布料、泡棉
尺寸 兩用桌：寬125/150×深75×高71cm
　　　單椅：寬43×深51×背高79/座高45cm

Kitono 兩用餐桌與單椅，適合小資族的迷你空間，導圓弧邊設計充滿濃厚復古風情，實木材質展現細緻手感。略帶彎曲的椅背與椅座設計，搭配高密度泡棉坐墊，提供更多的身體支撐性與舒適度。

文字 Fran Cheng

圖片與資料提供 Karimoku60（loft29 02-87713329）、Kitono（loft29）；頂茂家居-VOX furniture（頂茂家居02-23582328）、MUJI（無印良品02-37655151）；IKEA（宜家家居02-27213130）；禾豐家具（02-85025303）

3 LD兩用桌＋LD兩用沙發椅

品牌 MUJI無印良品
材質 桌：積層合板、橡木原木貼皮、亮光漆塗裝
　　 椅：積層合板、橡木原木貼皮、亮光漆塗裝、
　　　　 聚酯纖維繃布、聚氨酯泡棉座面
尺寸 桌：寬150×深80×高60cm
　　 椅：寬55×深78×高77cm

加深版的80cm桌款，有更寬裕的桌面，高度也略低一般
餐桌可讓小空間較無壓迫感。寬55×深78cm的大座面椅
子，即使盤腿也可以，是沙發也是單椅，加上12cm的厚
坐墊，可增加舒適性及耐久性。

橡木伸縮餐桌 4

品牌 MUJI無印良品
材質 MDF、橡木材突板、橡木無垢集成材、聚氨酯樹脂塗裝
尺寸 寬140/190×深80×高72cm

覺得家中餐桌平日夠用，但遇到親友宴客卻又太小？不妨考
慮伸縮餐桌。其方便的擴張板，拉開單側後可增加25cm、
雙側全開可增加50cm，三種尺寸可因應任何聚會。

5 BJURSTA延伸桌

品牌 IKEA
材質 實木貼皮、樺木、密集板、壓克力亮光漆、實心松木
尺寸 寬50/70/90×深90×高74cm

平日1～2人坐起來剛剛好的延伸桌，附有二片外拉式活動桌
板，延伸至70或90cm寬來滿足3～4人使用，而不用時桌板
可收在桌面下，小巧體積還可靠牆放置，當作邊桌使用。

6

BJURSTA 壁掛式折疊桌

品牌 IKEA
材質 密集板、實木貼皮、梣木、染色、壓克力亮光漆、
　　 鋼質薄金屬板、環氧／聚酯粉末塗料、塑膠
尺寸 寬90×深10/50cm

最具彈性的壁掛式設計的摺疊桌，依用途固定於不同高度
的牆面，若固定在74cm處，可搭配餐椅作二人餐桌用，
若提高至95cm牆面則宜搭配吧檯椅使用。另外，將桌板
往下折疊時就變成10cm深度的層板，可擺放小物品。

NORDEN 折疊桌 7

品牌 IKEA
材質 實心樺木、樺木合板、壓克力亮光漆、纖維板
尺寸 寬26/89/152×深80×高74cm

以天然實木打造抽屜與底框的折疊桌，活動桌板可單側或
完全展開，可以容納2～4人，不用時則可收納成26cm
寬的抽屜櫃，收納餐具、餐巾和蠟燭等物品。

4 YOU 延展收納餐桌 8

品牌 頂茂家居-VOX furniture
材質 德國Hettich五金、奧地利EGGER健康板、歐洲A+實木
尺寸 長140/180/220×寬100×高76cm

雙層桌面使兩側增加了抽屜空間；桌面中間貼心的蓋板區可放置小植物或餐具，在其中也附有出線槽；可延展的桌面共有三段長度變化，讓工作、休閒時可靈活轉換。

9 SPOT 收納桌凳

品牌 頂茂家居-VOX furniture
材質 原產地松木+奧地利EGGER板材
尺寸 寬57.5×深47×高48cm

完美的尺寸使桌凳可符合多重功能需求，再搭配獨特的A字腳設計，讓桌凳不當椅子用時可以往上堆疊成收納用的邊櫃，節省不少空間。

沙發
小型、複合式沙發當道

在小住宅中，沙發、臥榻甚至床的界線，開始有越來越模糊的趨勢。不僅沙發的造型、材質日趨休閒化，在機能上也講究個性化、多元化，除了長沙發或單人椅外，沙發床榻也成就了小住宅的另一種生活型態。

1 Lobby Chair 咖啡色三人沙發 + Ottoman 咖啡色椅凳

品牌 Karimoku60
材質 山毛櫸、羊毛 / 棉混紡布料、泡棉
尺寸 沙發：寬 175× 深 76× 背高 73/ 座高 39cm　椅凳：寬 45× 深 45× 高 35cm

長度較一般三人沙發更精省。歐式沙發造型不僅加深椅座深度，量體也加重，舒適感十足。除腳椅外沙發全部以襯墊包覆，以高密度泡棉在不同部位配置 41 個大小、深度不一的凹槽，更符合人體工學，可減低長時間乘坐的壓迫感與發麻狀況，也有助於散熱。建議可選配略低於 Lobby Chair 的 Ottoman 做椅凳，使用起來更靈活且休閒。

WD43 三人沙發 2

品牌 Karimoku
材質 實木椅架、布料、泡棉
尺寸 寬 170× 深 80× 背高 78/ 座高 42cm

170cm 長度的三人沙發更省空間，簡練形體凸顯和風家具的優雅，除布料可選換，椅架材質也有山毛櫸、橡木、胡桃木、櫻桃木與楓木原色可供選用，山毛櫸與橡木還可做染色處理。

Kitono Brick 雙人沙發 3

品牌 Kitono
材質 山毛櫸、布料、泡棉
尺寸 寬120×深73×背高71/座高38cm

120cm的雙人沙發更適合迷你空間，實木椅架與復古簡約的俐落外型讓人著迷。擁有原木色與胡桃木色二款椅架材質，可與數種布料可換搭，加上1、2、3人座的多種尺寸，適用於不同尺度的空間。

4 Kitono Brick 沙發躺椅

品牌 Kitono
材質 山毛櫸、布料、泡棉
尺寸 寬60×深108×背高71/座高38cm

右側不佔空間的小型躺椅，以無把手與厚實泡棉的設計，在視覺與乘坐舒適度上都更為休閒、紓壓；另外，與左側雙人沙發搭配，可依照空間與使用習慣的變化，輕鬆地增添移除或更換組合方式。

組合床/沙發床配件 5

品牌 MUJI無印良品
材質 胡桃木、橡木、棉100%
尺寸 寬85.5×深202×高25.5cm

是沙發，也可依自己需求搭配出個人風格的床架。主要結構為單人尺寸的床台，再加配專用的墊背、背板等配件，就可做為沙發床使用，可因應生活中各種場景。

櫃體
不再只是收納，還可做為家具

不只能載物收納，新一代櫃體強調體貼細節與個性化的設計小心機，如門板略高於櫥櫃本體可防平台上物品掉落，下掀門板可轉化為桌板，滾輪裝置方便移動，這些均大大為櫃體加分。而自由組合櫃則如積木般量身訂做出個性化櫃牆。

MUTO 下掀邊櫃 **1**

品牌 頂茂家居-VOX furniture
材質 德國Hettich五金、奧地利EGGER健康板
尺寸 寬75×深46×高123cm

小型邊櫃也有強大收納機能，下掀門板可轉作置物平台，下掀速度可調；側開櫃門內為層架，中下層抽屜式收納亦規畫其中。另外，門板刻意向上延伸，可預防物品掉落，櫃子下方還附旋轉式調整腳以確保櫃體水平。

2 SPOT 上掀桌櫃

品牌 頂茂家居-VOX furniture
材質 德國Hettich五金、奧地利EGGER健康板、歐
　　 洲A+實木
尺寸 寬67×深51×高57→70cm

是看書、吃消夜、滑手機、甚至藏零食的超級良伴。上掀桌板方便置物與取物外，輕巧移動的滾輪可推到客廳當邊几。後方出線孔位置可放延長線，將雜亂的各式插座全部歸位。

MUTO 下掀壁掛桌櫃 **3**

品牌 頂茂家居-VOX furniture
材質 德國Hettich五金、奧地利EGGER健康板
尺寸 長70×寬70×深27cm

適合小住宅、無玄關空間的壁掛式桌櫃，可完全闔起，不佔用動線。上方金屬框可吊掛鑰匙、雨傘、包包，或夾上重要Memo；下方採金屬鏤空層架設計。

4 SUS層架組

品牌 MUJI無印良品
材質 不繡鋼、橡木
尺寸 寬58/86×深41×高83/120/175.5cm

深度統一為41cm的SUS層架組,可依照個人需求來選擇不同高度與寬度的配件,量身訂作收納層架。可搭配橡木或胡桃木層板,以及掀蓋式、玻璃門及抽屜層架收納箱。

自由組合層架 5

品牌 MUJI無印良品
材質 胡桃木、橡木
尺寸 寬42/81.5×深28.5×高81.5/121/200cm

正方形格子為單位的自由組合層架,充份利用窗邊周圍空間。寬42與深28.5cm的基本方格可俐落收納A4尺寸的書物,加上二種寬度與三種高度的變化組合,可創造出靈活卻不凌亂的收納牆櫃。

6 組合影音櫃

品牌 MUJI無印良品
材質 胡桃木、橡木
尺寸 寬82.5/162.5×深39.5×高45cm

一組可縱向堆疊的客製化影音櫃,先選定基本櫃,再視空間與需求追加,最多可至五層。影音櫃有兩種寬度,分別可載放32吋及58吋電視,亦可追加選用分隔板、抽屜、門等配件。由於櫃體具有背板,也可做為隔間使用。

4

小住宅
速配家具選用

床組
一床多功能，小房間也好用

動輒佔據大半個房間的床是居家重要家具，但除了要能睡得更舒適，床的功能性設計也開始越受重視，例如「收納力」、「並排的緊密度」、「圓角的安全設計」、「透氣性」等細節都是重點。

BRIMNES 雙抽屜床組 1

品牌 IKEA
材質 實木貼皮、櫸木、實木貼皮、樺木、密集板、箔皮、ABS塑料、纖維板、印刷、壓克力漆、鍍鋅鋼
尺寸 寬156×深234×高111cm

床框內部17條富彈性的樺木高壓合板，可依身體重量調整，也可增加床墊支撐度。可調式床側板，方便配搭不同厚度的床墊，床下四個抽屜，提供額外儲物空間；上方層板設有電線孔，可放置燈具或充電器電線。方還附旋轉式調整腳以確保櫃體水平。

2
收納組合床

品牌 MUJI 無印良品
材質 原木貼皮塑合板、印刷紙化妝纖維板、積層材、桐材、塑合板、集成材（橡膠木）
尺寸 單人加大：寬128.5×深201×高27cm

組合床台強調個人化，附有可動式固定帶魚骨板、可選擇性的床頭板，方便打造出可調整軟硬度的床架；另外，專用的床下收納箱等追加配件，則可將床台側邊或下方做為收納空間，增加空間坪效。

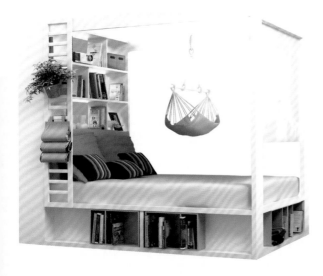

4 YOU 上掀四柱床、4 YOU 上掀單人床 3

品牌 頂茂家居-VOX furniture
材質 德國Hettich五金、奧地利EGGER健康板
尺寸 四柱床：長238×寬168×高206cm（適用歐規
雙人床墊/160×200cm）
單人床：長208×寬128×高106cm（適用歐規
單人床墊/90×200cm）

組合床台強調個人化，附有可動式固定帶魚骨板、可
選擇性的床頭板，方便打造出可調整軟硬度的床架；另
外，專用的床下收納箱等追加配件，則可將床台側邊或
下方做為收納空間，增加空間坪效。

SPOT 雙層床組 **4**

品牌 頂茂家居 -VOX furniture
材質 德國 Hettich 五金、奧地利 EGGER 健康板、
　　 歐洲 A+ 實木
尺寸 長 205×寬 105×高 246cm
　　（適用歐規單人床墊 /90×200cm）

想讓空間利用率再提升，選它就對了！集結床組、書櫃、
收納櫃及衣櫃於一身的 SPOT 雙層床組，利用系統五金與櫥
櫃設計，將床下空間作有效利用，有如百變靈活家具。

5

SPOT 單人臥榻床組

品牌 頂茂家居 -VOX furniture
材質 德國 Hettich 五金、奧地利 EGGER 健康板、歐洲 A+ 實木
尺寸 長 213×寬 100×高 167cm，適用歐規單人床墊（90×200cm）

從盪鞦韆的意象延伸出 A 字型造型床架，讓床也能是休閒用的輕鬆臥榻，這款床架下方有兩種裝置可選配，分別為子
母床款或是抽屜收納。

組合變形金鋼！櫃、床、桌 All in One **6**

品牌 禾豐家具-CLEI
材質 低甲醛環保特殊板材
尺寸 沙發：寬131×深87.5/ 35(床框)×高40(座高)/220(床框)cm
　　 床：寬120×深213.9×高30(床高)/50(加床墊)cm

開放空間裡配置了兩個床組，一組為沙發加單人正掀壁床組，另一個床組則集結了衣櫥、書櫃、書桌，加上單人側掀的壁床組合。在設計概念上，等於平常這空間可做為書房、遊戲間、客廳；一到夜晚，床一掀出來即變成一間可睡兩人的小孩房或客房。

附錄　設計師DATA & 個案索引

A Little Design
FB www.facebook.com/Design.A.Little
作品 P.64

JAAK
地址 香港牛頭角圍業街140號易包工業大廈5D
email jaak@thecaveworkshop.com
網址 www.jaak.co
作品 P.28

FUGE 馥閣設計
設計師 黃鈴芳
電話 02-23255019
網址 www.fuge.tw
FB www.facebook.com/fugedesign.tw
作品 P.36、P.54、P.148、P.162

KC design studio 均漢設計
設計師 劉冠漢、曹均達、郭嘉富
電話 02-25991377
網址 www.kcstudio.com.tw
作品 P.170

Z軸空間設計
設計師 高采薇
電話 04-24730606
FB www.facebook.com/zaxis.design
作品 P.114

十一日晴空間設計 The November Design
設計師 沈佩儀
網址 www.thenovdesign.com
FB www.facebook.com/TheNovemberDesign
作品 P.72、P.78

本晴設計
設計師 連浩延
電話 02-27196939
網址 www.rm601.com.tw
作品 P.100、P.108

禾睿設計 LCGA Design
設計師 邱凱貞、黃振源
電話 02-25473110
網址 www.lcga.net
作品 P.130

好室設計
設計師 陳鴻文
電話 07-3102117
FB www.facebook.com/IvanHouseDesign
作品 P.44、P.192

宅即變 空間微整型
設計師 朱俞君
電話 02-25460808
FB 宅即變 空間微整型
作品 P.86

寓子設計
設計師 蔡佳頤
電話 02- 28349717
網址 www.uzdesign.com.tw
作品 P.186

綺寓空間設計
設計師 張睿誠
電話 02-87803059
FB www.facebook.com/KIWII.SPACE
作品 P.138

諾禾空間設計
電話 02-27555585
網址 www.noir.tw
作品 P.156

緯傑設計
設計師 王琮聖
電話 0922-791941
FB www.facebook.com/VJinteriordesign
作品 P.122

謐空間研究室
設計師 莊智傑、戴伯宇、洪采
電話 02-22366258
網址 www.mii-studio.com
作品 P.198

蟲點子創意設計有限公司
設計師 鄭明輝
電話 02-89352755
網址 indot.pixnet.net/blog
FB www.facebook.com/hair2bug0301
作品 P.94、P.178

1・2・3人の小住宅滿足學

小家改造SOP！
6～26坪貪心小房子，一冊All IN ONE

作者	原點編輯部
採訪編輯	Fran cheng、李佳芳、邱建文、詹雅婷Mimy、溫智儀、劉繼珩、張艾筆、黎美蓮、魏雅娟
美術設計	IF OFFICE
執行編輯	溫智儀
責任編輯	詹雅蘭

行銷企劃	郭其彬、王綬晨、邱紹溢、陳雅雯、張瓊瑜、余一霞、蔡瑋玲、王涵
總編輯	葛雅茜
發行人	蘇拾平
出版	原點出版 Uni-Books Facebook：Uni-Books原點出版 E-mail：uni-books@andbook.com.tw 台北市105松山區復興北路333號11樓之4
發行	大雁文化事業股份有限公司 台北市松山區105復興北路333號11樓之4 www.andbooks.com.tw 24小時傳真服務：(02) 2718-1258 讀者服務信箱Email：andbooks@andbooks.com.tw 劃撥帳號：19983379 戶名：大雁文化事業股份有限公司

初版一刷	2017年06月
初版七刷	2022年05月
定價	420元
ISBN	978-986-94405-9-2

1・2・3人の小住宅滿足學：
小家改造SOP!6～26坪貪心小房子，一冊ALL IN ONE
／原點編輯部著. -- 初版. -- 臺北市：原點
出版：大雁文化發行, 2017.06；224面；17X23公分
ISBN 978-986-94405-9-2(平裝)
1.家庭佈置 2.空間設計 3.室內設計

422.5　　　　　　　　106006856